失敗から学ぶ RDBの正しい歩き方

曽根 壮大

RDB The Right Way

技術評論社

◆本書をお読みになる前に

・本書に記載された内容は、情報の提供のみを目的としています。したがって、本書を用いた運用は、必ずお客様自身の責任と判断によって行ってください。これらの情報の運用の結果について、技術評論社および著者はいかなる責任も負いません。
・本書記載の情報は、2019年2月現在のものを掲載していますので、ご利用時には、変更されている場合もあります。
・また、ソフトウェア／Webサービスに関する記述は、とくに断りのない限り、2019年2月現在での最新バージョンをもとにしています。ソフトウェア／Webサービスはバージョンアップされる場合があり、本書での説明とは機能内容や画面図などが異なってしまうこともあり得ます。本書ご購入の前に、必ずバージョン番号をご確認ください。

　以上の注意事項をご承諾いただいたうえで、本書をご利用願います。これらの注意事項をお読みいただかずに、お問い合わせいただいても、技術評論社および著者は対処しかねます。あらかじめ、ご承知おきください。

◆商標、登録商標について

　本書に登場する製品名などは、一般に各社の商標または登録商標です。なお、本文中に™、®などのマークは記載しておりません。

はじめに

　本書では、筆者が業務系、Web系のシステム開発を通じて見てきた「RDBアンチパターン」について話していきます。

　「データベースの寿命はアプリケーションよりも長い」が筆者の持論です。なぜならば、データベースはサービス開発当初から存在することが一般的で、アプリケーションコードのようにリプレースされることは稀だからです。また複数のサービスから参照されることも多々あり、その場合、最初に使われていたサービスが終了しても、データベースはほかのサービスとともに運用され続けます。

　このように、データベースは長く付き合っていかねばならない相手であり、開発者はその特性ゆえの問題にぶつかることがあります。そういった、開発の現場で実際に起こっている、発生しやすいリレーショナルデータベース（RDB）全般の問題をアンチパターンとして紹介していきます。

　RDBは広く使われている反面、次のような注意事項があります。

- データベースの停止はサービスの停止を伴うことが多いため、メンテナンスしにくい
- データは常に増え続け、リファクタリングしにくい
- サービスの中核を担うため、変更による影響が大きい

　このように、RDBのアンチパターンはアプリケーションのアンチパターン以上にダメージが大きいのです。

　そして厄介なことに、RDBの問題はある日を境に顕在化するということが多いです。当初は良かれと思った設計が、あとになって問題を引き起こすこともままあります。しかし、誰かが経験したその問題をパターン化して共有しておくことで、初めのうちからその問題を避けられま

す。そういった点から、RDBアンチパターンを紹介することはたいへん有意義なのです。

　本書ではRDBのアンチパターンを通して問題を提起し、多くの方に周知していただくことで問題を未然に防ぎ、現在の問題と戦っていくための1つの答えを提供できればと思います。

■謝辞

　この本は多くの人たちに支えられて作られています。

　本書を執筆するにあたって大いに参考にし、本の中で度々紹介している『SQLアンチパターン』、そして参考URLとして掲載している、インターネットにコンテンツとして知見を提供してくださったすべてのみなさんのおかげで、この本は出版までくることができました。心から感謝しています。

　また、本書のもとになった月刊誌『Software Design』の連載「RDBアンチパターン」に1年間付き合ってくれた読者のみなさん、そしてレビュアとして助けてくれた@a_suenamiさん、@i_rethiさん、@kkkida_twtrさん、@nuko_yokohamaさん、@yancyaさん、@yoku0825さん、ありがとうございました（すべてTwitterのID）。とくに@a_suenamiさんは、書き下ろし第13章～第20章のレビューも含めて最後の最後まで付き合っていただき、ありがとうございました。最後の章である「フレームワーク依存症」はあなたの作品と言っても過言ではないほど良いディスカッションができ、満足できる章になりました。

　そして連載から書籍まで面倒を見ていただき、度重なる試練と最後の追い込みに付き合ってくれた技術評論社の中田さん、ありがとうございました。あなたのおかげでこの本は世に出ることができました。

　そしてこの本が出ること心待ちにしてくれた妻と子どもたち、本当にありがとう。君たちの笑顔がこの本を書くモチベーションを高めてくれました。

　最後に、この本を手にとってくださったみなさんにとって、この本が新しい知見となって現場を支える1冊になってくれると信じています。

目次

はじめに iii
謝辞 iv

第1章 データベースの迷宮

1.1 アンチパターンの解説 2
1.2 アンチパターンを生まないためには？ 8
Column MySQLとCHECK制約 11
1.3 アンチパターンのポイント 12

第2章 失われた事実

2.1 アンチパターンの解説 14
2.2 似たようなアンチパターン 17
2.3 アンチパターンを生まないためには？ 19
2.4 アンチパターンのポイント 21
Column リレーショナルデータモデルと履歴データ 22
Column 遅延レプリケーションについて 22

第3章 やり過ぎたJOIN

3.1 アンチパターンの解説 24
3.2 JOINの特性 27
3.3 アンチパターンを生まないためには？ 35
3.4 アンチパターンのポイント 38

目次

第4章 効かないINDEX

- 4.1 アンチパターンの解説 …… 40
- 4.2 INDEXの役割 …… 42
- 4.3 アンチパターンを生まないためには？ …… 45
- 4.4 アンチパターンのポイント …… 52
- Column インデックスショットガン …… 52

第5章 フラグの闇

- 5.1 アンチパターンの解説 …… 56
- 5.2 とりあえず削除フラグ …… 59
- 5.3 アンチパターンを生まないためには？ …… 62
- 5.4 アンチパターンのポイント …… 66
- Column フラグの闇はあとあと効いてくる …… 66

第6章 ソートの依存

- 6.1 アンチパターンの解説 …… 70
- 6.2 リレーショナルモデルとソートのしくみ …… 72
- 6.3 アンチパターンを生まないためには？ …… 79
- 6.4 アンチパターンのポイント …… 84
- Column 実行されないとわからないORDER BYの問題 …… 85
- Column RDBを補う存在、Redis …… 85

第7章 隠された状態

- 7.1 アンチパターンの解説 …… 88
- 7.2 似たようなアンチパターン …… 92
- Column EAVの代替案になり得るJSONデータ型 …… 95

7.3	隠された状態が生む問題	96
7.4	アンチパターンを生まないためには？	98
7.5	アンチパターンのポイント	100
Column	トリガー	100

第8章 JSONの甘い罠

8.1	アンチパターンの解説	104
8.2	「なんでもJSON」の危険性	109
8.3	アンチパターンを生まないためには？	111
8.4	アンチパターンのポイント	115
Column	JSONデータ型のほかの使い道	116

第9章 強過ぎる制約

9.1	アンチパターンの解説	118
9.2	似たようなアンチパターン	121
9.3	アンチパターンを生まないためには？	124
9.4	アンチパターンのポイント	127
Column	PostgreSQLの遅延制約	127

第10章 転んだ後のバックアップ

10.1	アンチパターンの解説	130
10.2	3つのバックアップ	132
10.3	バックアップ戦略	137
10.4	アンチパターンを生まないためには？	141
10.5	アンチパターンのポイント	144

目次

第11章 見られないエラーログ

- 11.1 アンチパターンの解説 …… 146
- 11.2 エラーログの種類 …… 148
- 11.3 アンチパターンを生まないためには？ …… 150
- 11.4 アンチパターンのポイント …… 154
- Column ログを見やすくする工夫 …… 155

第12章 監視されないデータベース

- 12.1 アンチパターンの解説 …… 158
- 12.2 ミドルウェアの監視の種類 …… 160
- 12.3 アンチパターンを生まないためには？ …… 162
- 12.4 アンチパターンのポイント …… 166
- Column 可視化と改善は両輪 …… 167

第13章 知らないロック

- 13.1 アンチパターンの解説 …… 170
- 13.2 ロックの基本 …… 172
- 13.3 アンチパターンを生まないためには？ …… 176
- 13.4 アンチパターンのポイント …… 180

第14章 ロックの功罪

- 14.1 アンチパターンの解説 …… 182
- 14.2 トランザクション分離レベル …… 184
- 14.3 アンチパターンを生まないためには？ …… 191
- 14.4 アンチパターンのポイント …… 193

第15章 簡単過ぎる不整合

- 15.1 アンチパターンの解説 …… 196
- 15.2 非正規化の誘惑 …… 198
- 15.3 アンチパターンを生まないためには？ …… 201
- 15.4 アンチパターンのポイント …… 205
- Column 非正規化と履歴データの違い …… 206

第16章 キャッシュ中毒

- 16.1 アンチパターンの解説 …… 210
- 16.2 キャッシュについて知る …… 213
- 16.3 アンチパターンを生まないためには？ …… 222
- 16.4 アンチパターンのポイント …… 225

第17章 複雑なクエリ

- 17.1 アンチパターンの解説 …… 228
- 17.2 複雑なクエリの発端 …… 230
- 17.3 アンチパターンを生まないためには？ …… 233
- 17.4 アンチパターンのポイント …… 235

第18章 ノーチェンジ・コンフィグ

- 18.1 アンチパターンの解説 …… 238
- 18.2 コンフィグを知る …… 240
- 18.3 アンチパターンを生まないためには？ …… 242
- 18.4 アンチパターンのポイント …… 244

第19章 塩漬けのバージョン

- 19.1 アンチパターンの解説 …… 246
- 19.2 なぜバージョンアップは重要なのか …… 248
- 19.3 アンチパターンを生まないためには？ …… 252
- 19.4 アンチパターンのポイント …… 258

第20章 フレームワーク依存症

- 20.1 アンチパターンの解説 …… 260
- 20.2 フレームワークが生むメリットとデメリット …… 263
- 20.3 アンチパターンを生まないためには？ …… 270
- 20.4 アンチパターンのポイント …… 273

- おわりに …… 274
- 著者プロフィール …… 274
- 索引 …… 275

第 1 章

▶ データベースの迷宮

- 1.1 アンチパターンの解説
- 1.2 アンチパターンを生まないためには？
- Column MySQLとCHECK制約
- 1.3 アンチパターンのポイント

第1章 データベースの迷宮

1.1 アンチパターンの解説

　本章ではデータベースの不適切な名前付けや、構造が紐解けない設計について説明します。プログラミングでは度々話題になる名前付けやクラス設計ですが、データベースでも同じくとても大切です。しかし現場では次のような話をよく耳にします。

- memo1、memo2、memo3……と無限に続く、何が入っているのかわからないカラム
- 「hoge_data」のタイピングミスで「hoge_date」になり、意味が変わってしまっているカラム
- 中に入っている値の意味がわからないカラム
- 外部キー制約がなく、リレーションシップがまったくわからないテーブル

　これらのような例は笑い話ではなく、現場に散見されます。そのようなアンチパターンをここで紹介します。なおこのアンチパターンの事前知識として、RDBで設定できるおもな制約を**表1.1**にまとめています。

表1.1 RDBにおける制約

制約の種類	説明
PRIMARY KEY制約	重複とNULLがなく、そのテーブルで一意な行であることを確定させる
NOT NULL制約	NULLがないことを確定させる
UNIQUE制約	その値がテーブルで一意であることを確定させる（NULLは許容される）
CHECK制約	指定した条件の値のみが保存されていることを確定させる
DEFAULT制約	値が指定されないときに保存される値を決める。それにより初期値を確定させる
FOREIGN KEY制約（外部キー制約）	別テーブルの主キーと参照整合性が保たれていることを確定させる

事の始まり

　とある会社での、自社サービス開発中の営業担当者とエンジニアの会話。

営業：ごめんね。ここの項目1個増やしといてくれる？
エンジニア：○○の項目ですね、わかりました。
営業：あとこれ、削除ボタンも必要ね。
エンジニア：わかりました。
　——3日後——
営業：あれ？　ここの項目足りないよ？
エンジニア：○○はありますよ。
営業：○○っていったら△△も普通一緒でしょ。タバコといったら灰皿も一緒に持ってくるでしょ？
エンジニア：あー……すみません、対応します（いや俺タバコ吸わんからわからんし1個って言ってたじゃん……）。
営業：これ、削除ボタン押したら管理画面からも消えるんだけど？
エンジニア：え？　当たり前じゃないですか。
営業：あー困る困る。削除はユーザさんから見えなくしてほしいだけで、管理画面では見える必要があるの。
エンジニア：……わかりました（削除じゃねーじゃん！）。
営業：それ、土曜日のイベントまでにリリースしたいからよろしく。
エンジニア：はい……（今、金曜日の19時だけど？）。

　5年後のある日、新人エンジニア（以下A）は、この会社の自社サービスを改修していた。

A：よし、このdelete_flagをselectして……あれ？　エラーがでたぞ……。

よく見てみると、カラム名はdelete_flagではなく「delete_falg」だった。

A：もぅ！　名前くらいちゃんと付けてよね……。この場合は1が立ってると削除済みでいいのかな？　GROUP BYしてみよう。

そこには驚きの結果が（**図1.1**）。

図1.1 delete_falgの中身をみると……

```
demo=# SELECT delete_falg AS delete_flag FROM users GROUP BY
delete_flag
 delete_flag
-------------
           1
           2
           0
           9
          99
        NULL
(6 行)
```

A：2に9に……NULL？

腑に落ちないAさんは、さっそく先輩エンジニアのSさんに聞いてみることにしました。

S：これはずいぶん前に退職したエンジニアが1人で作ったアプリケーションなんだ。コードを読んだ感じだと、こんな感じかな（**図1.2**）。……そうだ！　Aさんがこのシステムの改修をやってよ。よろしくね！

図1.2 先輩が教えてくれたdelete_flagの仕様

```
0:    未削除
1:    削除済み
2:    管理者による強制削除
9:    抹消
99:   よくわからない
NULL： バグで入る
```

A：……わかりました。

　こうして、Aさんの長い旅が始まったのであった。
　さっそくAさんはツールを利用して、このシステムのER図を自動作成した。そこには外部キー制約がまったく設定されておらず、数百個のテーブルが並ぶだけであった。泣く泣くAさんはひとつひとつのテーブルの中身を確認し、リレーションシップを紐付けていくことに。そこでとある悩みにぶつかったのだった。

A：あれ？　このテーブル、detail_idってあるけどcustomer_detail_idなのかuser_detail_idなのかわかんない……。外部キー制約がないうえに名前で判断できないからコードを読まなきゃ……。

　こうして、Aさんの工数はドンドン増えていった。

A：うーん、コードを読んでも、商品statusにはドキュメントもstatusマスタもないから、中の値が何を指してるかわからないやつがいる。

　読めば読むほど難解になっていくデータベース構造。

A：テーブルがetc、etc2、etc3、yobi1、yobi2とあって、何に使われてるのかわかんない。コードをgrepすると使われ方が統一され

てないし、yobi2は使われてない。でもDBにはデータがあるし
な……。
A：あぁ、このdetailテーブル、keyカラムの名前に紐付いてvalueカ
ラムの値が変わってる。keyがageのときは年齢だし、keyがgender
のときは性別。コード上のカラム名をgrepしただけじゃ読み解け
ない……。

　調べれば調べるほど難解になっていくデータベースのパズル。変
更が怖くなってきたAさん。

何が問題か

　冒頭でも話したとおり、このような話は珍しい話ではなく、長期間、
継続的に開発されたプロジェクトや、短い納期で開発された場合などに
散見されます。大きな問題点としては、Aさんが直面していたように、
次のような点があります。

- 不適切な名前では、データベースのテーブルの関連性や意図が理解
  できない
- リレーショナルモデルに基づいた設計をしていないと、既存の便利
  なツールを利用できない
- 保存されたデータが正しいかどうかが判断できない
- どのようなデータを保存し、どのようなデータを取り出せば良いか
  わからない

　このように、データベースとデータを読み解けないことで、改修が非
常に難しくなります。場合によっては「バグなのか仕様なのか」の判断
さえ難しくなります。挙動としては不適切なため、結局バグとなってし
まいます。
　delete_flagの例ですと、削除のコードを読んで1が削除なのか0が削除

なのか、はたまた9が削除なのかを調べる必要があります。また、ブラックボックス化したデータベースに対する改修は影響範囲が読めないため安易に変更できません。しかしこのようなデータベース構造でも、そのサービスがビジネスを支えている以上、メンテナンスや改修が必要とされることが多々あります。

1.2 「アンチパターンを生まないためには？」

では、どのようにすればこのような問題を解決できたのでしょうか。

読者の中には、エンジニアの素養よりもまず営業が悪いと言う方もいるかもしれません。もちろん、短納期かつ不適切な手順で仕様変更を強いることは、エンジニアを大きく消耗させますし、「まずは動くものを作ること」を優先してしまいます。この営業の立ち振る舞いやこのようなプロジェクトの進め方は是正されて然るべきです。しかし、「まずは動くものを作ること」の本質はとても大切なことですし、必ずしも否定的にとらえる必要はありません。当たり前だと言われるかもしれませんが、大切なことは、

動くものを作るときに適切に作る

ということです。

命名ミスは初期段階で対処

たとえば、delete_flagの命名が間違っていたことは途中で気づけた、または初期であれば直せたはずです。delete_flagの値にNULLや9が入っていた問題はCHECK制約を利用していれば防げた問題です。

また、もし本当に削除のflagを表すのであれば、PostgreSQLの場合はboolean型を使ってdeletedなどの名前を利用するのが最近の主流です。現場で稀に、外部キー制約やCHECK制約をかけずに「アプリケーション側でバリデーションすれば良い」と言う人もいますが、CHECK制約が守る対象は「アプリケーションのバグ」も含みますし、DDL[1]からそのカラムの持つ意味を担保することも含みます。

注1) Data Definition Language:データ定義言語。

今後を想定した命名

「etc、etc2、etc3……」と続くテーブルについては、etc1ではなくetcという名前から「当初はetcしか作る予定ではなかった」ことが推測できます。つまりetc自体は正しい設計だった可能性が高いのです。何らかの仕様変更の際に、項目追加としてetc2を追加したのならば、そのカラム追加が不適切だった可能性があります。たとえば、その時点でetcが複数個できるのであれば、hogeテーブルとhoge_etcテーブルに分けることも可能だったかもしれません。場合によってはmemoという別の名前のカラムだったかもしれません。

データベースはよく積み木に例えられます。データの追加やカラムの追加のしかたで、次の変更に大きく影響がでます。etc2を作るときにhoge_etcと別テーブルにしておき、hoge_idをkeyとしていれば、etc3やetc4は不要なカラムになっていたでしょう。etc2を作ったことで、次のetc3、etc4を生み出すきっかけになってしまったのです。

技術的負債とは

この問題で考えなければならないことに、何らかのやむを得ない理由から、将来に課題が残る方法を採用してしまったことがあります。最近では技術的負債と言われたりします。

今回の例ですと、delete_flagや外部キー制約レス設計などが該当します。これらがなぜ技術的負債なのかについては、続く章で深掘りして説明していきますので今回は割愛しますが、このような「技術的負債」を「返済していく」ことも大切です。

一般的に、データベースの寿命はアプリケーションよりも長いですし、場合によっては複数のアプリケーションから1つのデータベースが接続されることもあります。そのため技術的負債が積み上がり出すと改修しづらく、また次の負債を生みやすいのです。そうなる前に、早め早めに技術的負債を返済していきましょう。

リファクタリングの例

たとえば、カラム名の変更が怖くて難しい場合などは、次のような手順があります。

①変更後の名前のカラムを、新しい名前を付けて追加で作る
　　例）delete_flagを追加する
②①で作ったカラムは、トリガーを利用して変更前のデータと同じになるようにする
　　例）古いカラム名の「delete_falg」のINSERTやUPDATEのactionに対してトリガーを定義し、新しいカラム名のdelete_flagを同じデータにする
③サービス単位やモデル単位で順に、参照や更新を追加したカラムに設定しなおす
　　例）参照・更新をdelete_flagに設定する
④切り替えが完了して動作が問題なければトリガーと古いカラムをDROPする
　　例）トリガーとdelete_falgをDROPする

この手順は名著『データベースリファクタリング』[注2]で紹介されている手順です。このように、RDBの機能を利用して少しずつ変更する方法があります。

etcの例ですと、hoge_etcにetc2やetc3のように見えるviewを用意し、まずは更新から切り替えていくなどの方法もあります。

これまでの内容をまとめると次のとおりです。

- テーブルやレコードの中身がわかる適切な名前を付ける
- 外部キー制約やCHECK制約を利用してデータを適切に防ぐ

注2）スコット・W・アンブラー、ピラモド・サダラージ 著、梅澤 真史 ほか 訳、ピアソン・エデュケーション、2008

- リレーショナルモデルに基づいた設計を心がける
- 何らかの理由で課題の残る設計をした場合、早めに改修する

Column MySQLとCHECK制約

　執筆現在リリースされているMySQLはCHECK制約に対応していませんが、8.0.16で追加される予定です。注意すべきMySQLの仕様として、8.0.16まではMySQLにCHECK制約はありませんが、CHECK制約を作るSQL自体はエラーになりません（**図1.3**）。

図1.3 MySQL 8.0.16未満にCHECK制約の機能はないが、CHECK制約を作るSQLはエラーにならない

```
mysql> CREATE TABLE scores (
    ->     score INT NOT NULL,
    ->     CHECK ( score BETWEEN 1 AND 100 )
    -> ) ENGINE = InnoDB;
Query OK, 0 rows affected (0.03 sec)  ←エラーにならずテーブルができる

mysql> INSERT INTO scores (score) VALUES (1000);
Query OK, 1 row affected (0.00 sec)  ←エラーにならず保存される

mysql> SELECT * FROM scores;
+-------+
| score |
+-------+
|  1000 |
+-------+
1 row in set (0.00 sec)

mysql> SHOW CREATE TABLE scores;
+--------+--------------+
| Table  | Create Table |
+--------+--------------+
| scores | CREATE TABLE `scores` (
  `score` int(11) NOT NULL  ←CHECK 句が無視されている
) ENGINE=InnoDB DEFAULT CHARSET=latin1 |
+--------+--------------+
1 row in set (0.00 sec)
```

1.3 アンチパターンのポイント

　今回紹介したデータベースの迷宮のアンチパターンは、ある日突然発生するというものではありません。少しずつ少しずつ蝕んでいきます。そして、今回の例のように数年後に新しい担当者に変わった際などに問題が顕在化し、その対応に四苦八苦することになります。

　1つの名前の付け間違いという些細なことでも、それがetc2のように次の問題を生む原因になります。また、外部キー制約やCHECK制約などは、開発チームの文化の問題が起因ということも少なくありません。このような問題は、その日には発生しない反面、解決には長い時間を要します。そのため、小さなところからコツコツと改善することが、とてもとても大切です。

　これは割れ窓理論の、「建物の窓が壊れているのを放置すると、誰も注意を払っていないという象徴になり、やがてほかの窓もまもなくすべて壊される」と同様で、「データベースのオブジェクトに不適切な名前を付けて放置すると、誰も注意を払っていないという象徴になり、やがてデータベースそのものもすべて壊される」ことになります。

　これらの問題を事前に防ぐコツは、

わかりづらい設計や名前はデータベースの破綻の始まり

と、常日頃から細心の注意を払うことです。

第2章

失われた事実

2.1 アンチパターンの解説
2.2 似たようなアンチパターン
2.3 アンチパターンを生まないためには？
2.4 アンチパターンのポイント
Column リレーショナルデータモデルと履歴データ
Column 遅延レプリケーションについて

2.1 アンチパターンの解説

　RDBは、"時間軸と直交するような設計"が大切です。ですがそれを使ったサービスとしては、時間軸と直交しないデータ＝履歴を保存することが同じくらい重要です。履歴の保存を怠ると、

- このデータがどのようにして今の値になったかわからない
- ある日を境に売上データと商品マスタの単価データが合わない
- 払い戻しの処理が特別対応となる

のようなケースと戦うことになります。まずは、このような履歴にまつわるアンチパターンを紹介します。

事の始まり

　今日は消費税率の切り替え日で、5%から8%へと消費税率の切り替え作業を行う必要がある。ECサイトの担当エンジニアのSさんは、この消費税率変更対応の真っ只中。

Sさん：現状のテーブルがどうなっているか確認しよう（図2.1）。よし、設定マスタテーブルの消費税率のレコードを更新すれば、正常に消費税率が切り替わるな。売上マスタも切り替わってるのが確認できたぞ。日付が変わるタイミングで自動更新するようにバッチも設定したし、これで大丈夫！

図2.1 今の設定マスタテーブルの状態

```
demo=# SELECT * FROM "設定マスタ" WHERE name = '消費税率';
 name    | value
---------+-------
 消費税率 | 0.05
(1行)
```

――数日後――

サポート担当者：数日前にsoneさんという方が購入された『SQL実践入門』、1冊だけ返品処理したら売上がズレるんですけど。
Sさん：あっ……、払い戻しのときの処理が変更後の消費税率で計算されるからだ……。

このように、設定マスタを作っていても過去の履歴を持っていないと、あとあとの取り消し処理で苦労することになります。

何が問題か

今回のアンチパターンを図にすると**図2.2**、**図2.3**のようになります。

図2.2 最初の計算

売上（変更前）

売上id	売上金額	売上日	配送状態
1	29,522	2014-03-31 23:59:59	配送済
2	6,480	2014-04-01 00:00:00	発注中
:	:	:	:

消費税率の状態が隠れており、日付をまたぐと5%から8%へ変わる

カート

売上id	商品id	個数	購入者
1	1	3	sone
1	2	3	sone
1	3	3	sone
2	4	2	sone

設定マスタ

名前	値
消費税率	0.05

商品

商品id	商品名	価格
1	SQL実践入門	2,580
2	リーダブルコード	2,592
3	プログラマのためのSQL	4,200
4	データベース・リファクタリング	3,000

第2章 失われた事実

図2.3 返品で個数が、日付で消費税率が変わる

売上（変更前）

売上id	売上金額	売上日	配送状態
1	29,522	2014-03-31 23:59:59	配送済
2	6,480	2014-04-01 00:00:00	発注中
:	:	:	:

売上（変更後）

売上id	売上金額	売上日	配送状態
1	27,579	2014-03-31 23:59:59	配送済
2	6,480	2014-04-01 00:00:00	発注中
:	:	:	:

売上idが1の返品処理をする場合、カートの値のみを変更して再計算すると、本来あるべき値から誤差が生まれる

消費税率が5%から8%に

カート

売上id	商品id	個数	購入者
1	1	2	sone
1	2	3	sone
1	3	3	sone
2	4	2	sone

商品id 1の個数を3から2に

設定マスタ

名前	値
消費税率	0.08

商品

商品id	商品名	価格
1	SQL実践入門	2,580
2	リーダブルコード	2,592
3	プログラマのためのSQL	4,200
4	データベース・リファクタリング	3,000

この例の場合、「売上id 1」の売上金額は、次のような計算になります（小数点以下切り上げ）。

- 最初の計算
 （2,580円×3個 + 2,592円×3個 + 4,200円×3個）×1.05[消費税率] = 29,522円
- 返品で個数が、日付で消費税率が変わる
 （2,580円×2個 + 2,592円×3個 + 4,200円×3個）×1.08[消費税率] = 27,579円
- 本来あるべき計算
 （2,580円×2個 + 2,592円×3個 + 4,200円×3個）×1.05[消費税率] = 26,813円

このように、本来あるべき数値と変わってしまいます。

2.2 似たようなアンチパターン

ほかにも類似例として、次のようなパターンがあります。

過去の事実（値）が失われる

1つめは値が失われるパターンです。過去の購入商品の金額や商品を上書きしてしまうことで、事実と差異が生じます（図2.4）。

図2.4 商品の名前・価格を上書き

商品名が変わったら……、価格が変わったら……、売上の事実と不整合が生まれる

商品

商品id	商品名	価格
1	SQL実践入門	2,580
2	リーダブルコード	2,592
3	プログラマのためのSQL	4,200
4	データベース・リファクタリング	3,000

商品

商品id	商品名	価格
1	SQL実践入門 第二版	2,480
2	リーダブルコード	2,592
3	プログラマのためのSQL	4,200
4	データベース・リファクタリング	3,000

過去の事実（過程）が失われる

2つめは状態の変化が保存されない、つまり過程が失われるパターンです。たとえば商品の配送を例にとると、配送状況を上書きしてしまうと途中経過がわからなくなります。

（1）発注済 → キャンセル → 再発注 → 配送済
（2）発注済 → 配送済

の2つは最後の結果のみを見ると同じですが、その過程は大きく違います（図2.5）。

第2章 失われた事実

図2.5 商品の配送状態を上書き

売上（変更前）

売上id	売上金額	売上日	配送状態
1	27,579	2014-03-31 23:59:59	発注済
2	6,480	2014-04-01 00:00:00	発注中
:	:	:	:

売上（変更後）

売上id	売上金額	売上日	配送状態
1	27,579	2014-03-31 23:59:59	配送済
2	6,480	2014-04-01 00:00:00	発注中
:	:	:	:

いつ配送状態が変わったかわからない

売上（途中経過）

売上id	売上金額	売上日	配送状態
1	27,579	2014-03-31 23:59:59	キャンセル
2	6,480	2014-04-01 00:00:00	発注中
:	:	:	:

売上（途中経過）

売上id	売上金額	売上日	配送状態
1	27,579	2014-03-31 23:59:59	再発注
2	6,480	2014-04-01 00:00:00	発注中
:	:	:	:

　このように、途中経過の事実を上書きすることで過程の事実を失うことになります。

過去の事実は非常時に必要となる

　失われた事実、またそれに類するアンチパターンでは、いずれも正常系のときには問題が見えないのが大きな罠の1つです。今ある事実のみを保存してしまうと過去の事実を失ってしまうので、例外処理を行うときやトラブル時に状況把握する場合に、情報が不足します。このような問題は消費税率がからむEC系のほかにも、管理画面の作業ログなどエンタープライズな実務でもたびたび発生します。

2.3 「アンチパターンを生まないためには？」

このアンチパターンの解決策は、もちろん過去の履歴を保存することです。

履歴を保存する

たとえば消費税率の問題では、次の2つの設計で今回の問題を回避できます。

- 消費税率に有効期限を持たせることで商品の購入日から消費税率の履歴を遡る（図2.6）
- 購入商品に利用した消費税率を保存し、履歴として持たせる（図2.7）

図2.6 消費税率に履歴を持たせる

消費税

消費税率	有効日	失効日
0.05	1997-04-01	2014-03-31
0.08	2014-04-01	null

「消費税」のテーブルを新たにつくり、有効期限を持たせることで、売上日から消費税率を遡ることができ、また自動的に切り替えるしくみもつくりやすくなる

図2.7 購入時の消費税率の履歴を持たせる

売上

売上id	売上金額	消費税率	売上日	配送状態
1	29,522	0.05	2014-03-31 23:59:59	配送済
2	6,480	0.08	2014-04-01 00:00:00	発注中
:	:	:	:	:

売上テーブルに、購入時の消費税率の情報を持たせる。図2.6のような消費税率の有効期限の情報がない場合は、これがないと返品時の払い戻し処理に対応できない

また配送状態の問題では、最新のレコードを有効のレコードとしてみる図2.8のような設計もよく見られます。

第2章 失われた事実

図2.8 最新のレコードを有効のレコードとしてみる

配送状況

売上id	配送状態	作成日時
1	発注中	2014-03-31 11:59:59
1	配送済	2014-03-31 15:59:59
1	納品済	2014-03-31 18:59:59
2	発注中	2014-03-31 23:59:59

「配送状況」のテーブルを新たにつくり、配送状況の履歴を持たせる。状態は更新ではなく追加し、最新のレコードを現在の状況として扱う

　金融系のシステムでよく使われる処理としては、削除処理も「打ち消しのINSERT」として保存し、合計値を算出する設計を取ることもよく見られます（図2.9）。

図2.9 金融系のシステムでよくみられる設計

口座名	担当名	状態	金額	作成日
曽根	○○会社	振込	600,000,000	2014-03-31 11:59:59
曽根	クレジットカード	引落	-150,000	2014-03-31 15:59:59
曽根	□□電力	引落	-10,000	2014-03-31 18:59:59
曽根	△△会社	振込	500,000	2014-03-31 23:59:59
曽根	○○会社	取消	-600,000,000	2014-03-31 11:59:59
:	:	:	:	:

打ち消しのINSERTも保存しておく

「履歴の保存」はトレードオフ

　このように、RDBに履歴を保存させる設計はいくつかありますが、次のようなデメリットもあります。

- レコードの保存量が増えるためテーブルサイズが増える
- 集計が単純な主キー検索ではなくなるため、テーブルサイズが肥大化した際に検索速度が劣化する

　このように、パフォーマンスとトレードオフの設計となります。そのため、これらの課題を解決するために、さらにマテリアライズド・ビューを利用したり、集計済み結果を保存したサマリーテーブルを作成したりします。

2.4 アンチパターンのポイント

今回紹介したアンチパターンは「後からデータを遡りたいときに事実が失われている設計をしてしまう」ということになります。このアンチパターンに陥っていないか確認する場合、次のことに気を付けましょう。

- 払い戻しなどの取り消し処理に対応できるか
- 配送状況などステータス変化を追えるか
- トラブル対応時、欲しい情報が失われていないか

しかし、前述のデメリットであるパフォーマンスの劣化を考えて、あえて履歴を保存しない設計を取るケースもあります。その場合に大切なこととして、もしRDBの責務内で履歴を持たない場合は、次のように別手段で必ず持たせるようにしましょう。

- 遅延レプリケーションを使う（コラム「遅延レプリケーションについて」（P.22）参照）
- アプリケーションログとしてElasticsearchなどの分析ツールに保存する

エンジニアは神ではないので、知らない事実を読み解くことはできません。予測することはできても正しいと判断することはできず、実践ではかなり苦戦を強いられることになります。

また、事実は後から作り出すことができません。一度失われてしまった事実を新たに集める方法もありませんので、初期設計時に事実の履歴についてしっかりと検討することがとても大切になります。そのため、新たなアプリケーションを設計する場合は、このアンチパターンについてもしっかりと振り返る機会を持っていただければと思います。

Column リレーショナルデータモデルと履歴データ

RDBを活かすにはリレーショナルデータモデルに準拠することがとても大切です。しかしこのモデルはそもそも時間軸と直交するもののため、本章の題材である履歴データとの相性が悪いのです。

しかし実務では履歴データを取り扱う例は多くありますし、その場合のデータベースの多くにはRDBを使うことになるでしょう。そのため相性の悪いデータを記録するために正規形を崩したり、データ量が増えることでパフォーマンスとトレードオフな設計をしたりする必要が生まれやすいのが、この履歴データです。詳しく知りたい方は『理論から学ぶデータベース実践入門』[注1]をぜひ読んでみてください。

注1) 奥野 幹也 著、技術評論社、2015年、ISBN = 978-4-7741-7197-5 URL http://gihyo.jp/book/2015/978-4-7741-7197-5

Column 遅延レプリケーションについて

RDBのレプリケーションには、遅延レプリケーションという機能があります。この機能は指定した時間分、スレーブDBに対して、マスタDBからのレプリケーションを遅延させることができます。たとえば1日遅れのスレーブDBを作ったり、2時間遅れのスレーブDBを作ったりすることができます。遅延レプリケーションはDBに柔軟な設計を与えてくれ、おもな目的として「マスタDB上で行われた誤った作業から保護する」「システムのデバッグ時の再現手法として使う」場合に利用されます。

このように、遅延したスレーブDBを作ることができる機能が遅延レプリケーションです。遅延レプリケーションはとても便利ですが、行っていることはDBの複製ですので物理的なコストは高くなります。またバグなどでデータが壊れてしまった場合に遅延予定時間を超えると、当然反映され、戻せなくなります。そのため、バックアップは別に必ず取るようにしましょう。

第3章 やり過ぎたJOIN

3.1 アンチパターンの解説
3.2 JOINの特性
3.3 アンチパターンを生まないためには？
3.4 アンチパターンのポイント

第3章 やり過ぎたJOIN

3.1 ▶ アンチパターンの解説

　RDBは第2章でもお話したとおり、リレーショナルモデルに沿って設計・正規化することが大事です。そして、そのように作ったデータベースから正しいデータを取り出すには、必ずJOINが必要になります。しかし、正規化を正しく利用した設計がされていないと、ボトルネックになりやすいのもJOINの特徴の1つです。

　JOINの機能はRDBMSによって異なるため、本章ではMySQLとPostgreSQLを題材に解説します。

事の始まり

　社会人3年目のKさんはSQLが大好き。

Kさん：集計のSQL、今は2個になってるけどこうすれば……1個のSQLにできる！　よーし、この改善で不要なクエリを1つ減らせたぞ！　これを今のバッチと差し替える前に本番で実行してみよう。………あれ、終わらない？

　実行直後、監視システムからDB負荷に関するアラート通知が飛んできた。それに合わせ、飛んできたかのような勢いで先輩エンジニアのTさんが現れる。

Tさん：今すぐそのクエリを止めるんだ！
Kさん：あっ……すみません。わかりました。

　実行中のクエリを止めることで負荷がみるみる下がり、アラートは収まった。

Kさん：すみません、SELECT文なので大丈夫かと思って本番で実行しました。ステージング環境で動作確認もしましたし……。

Tさん：ちょっとクエリ（**リスト3.1**）を見せてくれる？　やりたいことは、指定した合計単価以上の会員の組み合わせを取り出したいだけだよね？　それには不要なテーブルのJOINが多過ぎるな。実行計画を見てみると単価表の会員idにはINDEXがないね。不等号のJOINだからなおさらINDEXが必要だ。WHERE句の前にONで絞り込むことでタスクテーブルは小さくできるね。……ほかにも修正点があるから、ちょっとJOINについて説明しよう。

Kさん：はい、お願いします！

リスト3.1 Kさんが作ったクエリ（日本語の" "囲みは省略、本章では以下同）

```
SELECT
  単価表1.単価 AS 単価1
  , 会員1.会員id AS 会員1id
  , 単価表2.単価 AS 単価2
  , 会員2.会員id AS 会員2id
FROM
  単価表 AS 単価表1
  INNER JOIN 単価表 AS 単価表2
    ON 単価表1.単価id < 単価表2.単価id
    AND 単価表1.会員id <> 単価表2.会員id
  INNER JOIN 会員 AS 会員1
    ON 単価表1.会員id = 会員1.会員id
  INNER JOIN 会員 AS 会員2
    ON 単価表2.会員id = 会員2.会員id
  INNER JOIN 都道府県 AS 都道府県1
    ON 会員1.出身県id = 都道府県1.県id
  INNER JOIN 都道府県 AS 都道府県2
    ON 会員2.出身県id = 都道府県2.県id
  INNER JOIN 会社 AS 会社1
    ON 会員1.会社id = 会社1.会社id
  INNER JOIN 会社 AS 会社2
    ON 会員2.会社id = 会社2.会社id
WHERE
  (単価表1.単価 + 単価表2.単価) > :合計単価;
AND 会社1.会社名 = '株式会社そーだい'
AND 会社2.会社名 = '株式会社そーだい'
```

第3章 やり過ぎたJOIN

何が問題か

　今回のアンチパターンには、次節から紹介していくJOINの特性をふまえると次のような問題があります。

- JOINに対する不理解
- 多段JOINと不要なJOIN
- JOINの内部表にINDEXがない

　これらはパフォーマンスに直結します。ステージング環境などのデータが小さい場合は問題がなくても、本番環境の大きなデータではサービスに影響を与えるほど大きな負荷になることもあります。また、**リスト3.1**を見てわかるように複雑なクエリの要因になります。

3.2 JOINの特性

代表的なINNER JOIN

　アンチパターンの分析の前に、まずはJOINの特性について説明します。JOINはその名のとおり、テーブルとテーブルの結合です。
　代表的なJOINであるINNER JOIN[注1]を使った**リスト3.2**というSQLを実行した場合のイメージは、**図3.1**のとおりです。

リスト3.2 INNER JOIN

```
SELECT
    会員.名前 AS 会員名
    ,都道府県.名前 AS 出身県
FROM
    会員
    INNER JOIN 都道府県
        ON 会員.出身県id = 都道府県.県id
```

図3.1 INNER JOINを使ったSQLの実行イメージ

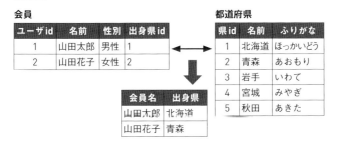

　また、JOINは集合同士の演算の結果ですので、よくベン図で表現されます。**図3.2**のように、重なり部分を取得するのがINNER JOINです。

注1) INNERを省略して単にJOINと書くこともできる。

図3.2 INNER JOINを使ったSQLをベン図で表現

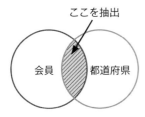

そのほかのJOIN

JOINにはほかにもいくつか種類があります（**図3.3**）。

図3.3 そのほかのJOIN

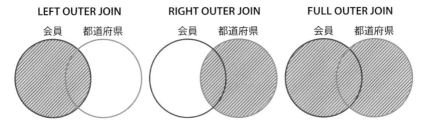

実務でよく使うのは、LEFT OUTER JOIN[注2]（**リスト3.3**）とRIGHT OUTER JOIN[注3]（**リスト3.4**）の2つです。

リスト3.3 LEFT OUTER JOIN

```
SELECT
  *
FROM
  会員
  LEFT OUTER JOIN 都道府県
    ON 会員.出身県id = 都道府県.県id
```

注2) OUTERを省略してLEFT JOINと書くこともできる。
注3) OUTERを省略してRIGHT JOINと書くこともできる。

リスト3.4 RIGHT OUTER JOIN

```
SELECT
  *
FROM
  会員
  RIGHT OUTER JOIN 都道府県
    ON 会員.出身県id = 都道府県.県id
```

ベン図の内、すべてを取ってくるJOINをFULL OUTER JOIN[注4]（リスト3.5）と言います。

リスト3.5 FULL OUTER JOIN

```
SELECT
  *
FROM
  会員
  FULL OUTER JOIN 都道府県
    ON 会員.出身県id = 都道府県.県id
```

MySQLはFULL OUTER JOINをサポートしていないため、**リスト3.6**のようにRIGHT JOINの結果をLEFT JOINの結果とUNIONすることで表現します。

リスト3.6 MySQLでの擬似的なFULL OUTER JOIN

```
SELECT
  *
FROM
  会員
  LEFT OUTER JOIN 都道府県
    ON 会員.出身県id = 都道府県.県id
UNION
SELECT
  *
FROM
  会員
  RIGHT OUTER JOIN 都道府県
    ON 会員.出身県id = 都道府県.県id
```

注4) OUTERを省略してFULL JOINと書くこともできる。

そのほかにも、**リスト3.7**のようにして差の部分を抽出することができます（**図3.4**）。

リスト3.7 差の部分を抽出

```
SELECT
  *
FROM
  会員
  LEFT OUTER JOIN 都道府県
    ON 会員.出身県id = 都道府県.県id
WHERE
  都道府県.県id IS NULL
```

図3.4 重複部分を除去

重複の部分を除いて抽出

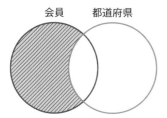

JOINの問題点

ベン図が**図3.5**のように増えていくとどうでしょう？

図3.5 増えるベン図

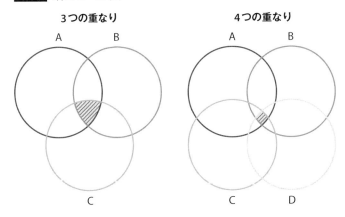

3つの重なりを調べる場合は、次のようにテーブルを調べる必要があります。

AとB／AとC／BとC

さらに4つになると、次のとおりです。

AとB／AとC／AとD／BとC／BとD／CとD

このように指数関数的に増加します。JOINの回数が増えると急激に重くなるのがJOINの特徴の1つです。

また、JOINは掛け算と言われます。テーブルスキャンの場合、100行と100行のJOINの場合は10,000行のテーブルスキャン相当ですが、10,000行と10,000行ではなんと100,000,000行です。

このように、JOINはSQLの処理の中でもっとも重い処理の1つと言えるでしょう。しかしながら、多くのRDBMSにはこの重い処理を高速に処理するための工夫がたくさんあります。たとえば、100行と「一意なINDEXが貼られた100行」の場合は、100行+（100×1）行となり200行相

当です。INDEX1つでこのように大きく計算コストが変わるのです。

JOINのアルゴリズムの種類

　JOINの高速化のコツを知るためには、JOINのアルゴリズムを知る必要があります。RDBで使われるJOINのアルゴリズムには、おもに次の3つがあります。

- Nested Loop Join（NLJ）
- Hash Join
- Sort Merge Join

　それぞれの動作をまとめると図3.6〜図3.8となり、特徴をまとめると表3.1となります。図の見方ですが、ループの元になるテーブルが「外部表」（この場合は会員テーブル）、ループの先になるテーブルが内部表（この場合都道府県テーブル）となります。また外部表は、別名「駆動表」とも呼ばれます。

図3.6 NLJの動作

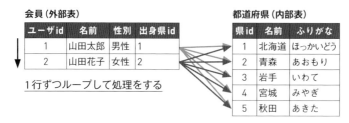

3.2 JOINの特性

図3.7 Hash Joinの動作

会員（外部表）

ユーザid	名前	性別	出身県id
1	山田太郎	男性	1
2	山田花子	女性	2

ハッシュ表

都道府県（内部表）

県id	名前	ふりがな
1	北海道	ほっかいどう
2	青森	あおもり
3	岩手	いわて
4	宮城	みやぎ
5	秋田	あきた

一度に全件を読み込んで処理する

① 小さい表を全件読み取って
　Hash表を作成
② 大きい表の結合列を
　Hash表の値と比較して結合
③ 両テーブルを1回ずつ全件読み取り

図3.8 Sort Merge Joinの動作

会員（外部表）

ユーザid	名前	性別	出身県id
1	山田太郎	男性	1
2	山田花子	女性	2

マッチング

都道府県（内部表）

県id	名前	ふりがな
1	北海道	ほっかいどう
2	青森	あおもり
3	岩手	いわて
4	宮城	みやぎ
5	秋田	あきた

全件をソートして上から順に比較する

① 2つの表の結合キーでソート
② ソート後は、上から順に
　値を比較して結合

表3.1 JOINの3アルゴリズムの特徴

アルゴリズム	特徴
NLJ	・内部表の結合キーの列に利用できるINDEXがある場合、ループ数を省略できるため外部表が小さいほど高速になる ・内部表の結合キーが一意の場合は内部表対象レコードを絞りこめるため、より高速になる ・1レコードずつ確定するので、確定したレコードはレスポンスとして返すことができる
Hash Join	・「外部表が大きい場合、または内部表の対象件数が多い場合」と「結合条件の索引がなく、テーブルのフルスキャンが必要な場合」ではNLJより有利 ・Hash表を作成さえすれば結合は非常に高速だが、Hash表の作成と保存ができるだけの十分なメモリが必要
Sort Merge Join	・ソートに用いる索引が作成されていると高速化できる ・Hash Joinと同様に表の大部分を結合する場合に有効 ・Hash Joinと違い、等値結合だけでなく不等式（<, >, <=, >=）を使った結合にも利用できる ・INDEXが活用できる場合はHash Joinより速い場合もある

第3章 やり過ぎたJOIN

　一言にJOINと言っても、大きく異なる3種類のアルゴリズムがあるのです。また注意点として、PostgreSQLは3種類のJOINをサポートしていますが、MySQLはNLJしかサポートしていません。PostgreSQLはMySQLに比べ、大きな2つの表のJOINや不等号を使ったJOINが得意と言えます。

　しかし、MySQLはJOINが苦手かと言われれば一概にはそうではなく、表の説明にもあるとおり、内部表に適切なINDEXがあり、小さな外部表をもとに等号で結合する場合は、非常に高速に処理できます。MySQLはNLJの特徴をより活かした設計が得意と言えるでしょう。

3.3 「アンチパターンを生まないためには？」

今回のアンチパターンは「JOINを知らずに不用意に多段JOINをした」ということになります。

JOINの特性を活かす

まずJOINの特性を知れば、大きなテーブルのJOINについては注意を払いますし、INDEXの活用場所も見えてきます。Kさんが書いたクエリを書き直した場合の例ですと、リスト3.8のようなクエリになります。

リスト3.8 リスト3.1を書きなおし

```
SELECT
  単価1
  , 会員1id
  , 単価2
  , 会員2id
FROM
  (
    SELECT
      単価表1.単価 AS 単価1
      , 単価表1.会員id AS 会員1id
      , 単価表2.単価 AS 単価2
      , 単価表2.会員id AS 会員2id
    FROM
      単価表 AS 単価表1
      INNER JOIN 単価表 AS 単価表2
        ON 単価表1.単価id < 単価表2.単価id
        AND 単価表1.会員id <> 単価表2.会員id
    WHERE
      (単価表1.単価 + 単価表2.単価) > : 合計単価
  ) AS 単価組み合わせ表
  INNER JOIN 会員
    ON 会員.会員id = 単価組み合わせ表.会員1id
    AND 会員.会社id = (SELECT 会社id FROM 会社 WHERE 会社名 =
'株式会社そーだい')
```

このクエリは、条件に関係なかった都道府県テーブルを排除し、単価表の計算を行ったあとに、そのテーブルに対して絞り込んだ会員テーブルをJOINしています。これにより、複数回行っていた会員テーブルや会社テーブルのJOINを最低限にしています。また単価表テーブルの会員idにはINDEXを追加することで、データが大きくなった際にはSort Merge Joinに効いてきます。

Viewを活用したリファクタリング

しかし**リスト3.8**は、わかりやすいクエリとは言い難いのが正直なところです。このような場合は、Viewを活用するとシンプルになります（**リスト3.9**）。JOINの回数を減らして高速化できたうえに、シンプルになりました。この例では単価組み合わせ表を汎用的に使うために単価合計での絞り込みを外に持ってきました。Viewを活用することで複雑なクエリも防げますので、テクニックとして覚えておきましょう。

リスト3.9 リスト3.8をViewを使って書きなおし

```sql
CREATE VIEW 単価組み合わせ表 AS
SELECT
  単価表1.単価 AS 単価1
, 単価表1.会員id AS 会員1id
, 単価表2.単価 AS 単価2
, 単価表2.会員id AS 会員2id
, (単価表1.単価 + 単価表2.単価) AS 単価合計
FROM
  単価表 AS 単価表1
  INNER JOIN 単価表 AS 単価表2
    ON 単価表1.単価id < 単価表2.単価id
    AND 単価表1.会員id <> 単価表2.会員id;

-- View(単価組み合わせ表)を利用したクエリ
SELECT
  単価組み合わせ表.単価1 AS 単価1
, 単価組み合わせ表.会員1id AS 会員1
, 単価組み合わせ表.単価2 AS 単価2
```

```
      , 単価組み合わせ表.会員2id AS 会員2
  FROM
    単価組み合わせ表
    INNER JOIN 会員
      ON 会員.user_id = 単価組み合わせ表.会員1id
    INNER JOIN 会社
      ON 会員.会社id = 会社.会社id
      AND 会社.会社名 = '株式会社そーだい'
  WHERE 単価合計 > : 合計単価
```

さらにほかの手段も

　単価表の更新が少ない場合や更新が1日1回で良い場合などは、集計結果を別テーブルとして保存する方法もあります。これにより、Viewのようにクエリをシンプルにしつつも、計算結果を実体として持っていますので高速に参照できます。

　また、このようにSQLの結果を実体のあるViewにする機能としてマテリアライズド・ビューがあります。マテリアライズド・ビューはクエリの結果のテーブルを作ることと一緒ですが、再作成のときにテーブルの作りなおしが不要で、共有ロックのリフレッシュのみで良い、などのメリットがあります。SQL Serverなどの商用DBでは有料機能ですが、PostgreSQLでは9.3以降から無料で使えますので、PostgreSQLをお使いの方はぜひお試しください。

3.4 アンチパターンのポイント

それでは、今回のアンチパターンの対策ポイントをまとめます。

- JOINは必要最低限
- INDEXを適切に活用する
- JOINするテーブルは小さくしてからJOINする
- 複雑なクエリになった場合はViewを活用する

これらの点をふまえて、JOINを有効活用しましょう。読者のみなさんへの注意点として、JOINに対して間違った認識を行い「重い処理だからJOINは禁止！」などのルールを作ってしまうと、逆にN+1問題の温床になったり、無駄なクエリを発行することになります。繰り返しますが、「JOINはRDBを使ううえで必要な機能」ですので、正しく理解したうえで有効活用をしましょう。

またJOINにおけるINDEXの挙動に関しては@yoku0825さんのスライド「WHERE狙いのキー、ORDER BY狙いのキー」[注5] が非常に参考になります。MySQLの話ですが、MySQL使い以外の人にもとてもわかりやすく、応用が利く話ですのでぜひ見てみてください。

注5) URL https://www.slideshare.net/yoku0825/whereorder-by/

第4章

▶ 効かないINDEX

4.1 アンチパターンの解説
4.2 INDEXの役割
4.3 アンチパターンを生まないためには？
4.4 アンチパターンのポイント
Column インデックスショットガン

第4章 効かないINDEX

4.1 アンチパターンの解説

知っているようで意外と知らないINDEX。実はRDBMSによってそのしくみや種類は異なります。INDEXなしではRDBの高速化は語れませんので、本章ではINDEXを深掘りします。

事の始まり

DBA（データベース管理者）のTさんはスロークエリログを見ながら悩んでいる最中。

Tさん：なんでだろう……急にこのクエリが遅くなってる。手元で試してみてもINDEXを使ってくれてるのに。

そこへ同僚のKさんが助け舟を出してくれた。

Kさん：本番と同じデータでちゃんとチェックした？ データが大き過ぎるなら、バックアップ用にレプリケーションしているスレーブで試してごらん。
Tさん：アドバイスありがとう。試してみるよ！

さっそく試してみるTさん。

Tさん：なるほど……、同じクエリでもWHERE句に指定する値によってINDEXが効いたり効かなかったりするぞ。あれ？ 同じデータ（**リスト4.1**）なのにステージングでも再現しない実行計画がある。

リスト4.1 該当のテーブルDDL（MySQL）

```
CREATE TABLE `users` (
  `user_id` int(11) NOT NULL AUTO_INCREMENT,
  `name` varchar(45) NOT NULL,
  `gender` tinyint(1) NOT NULL COMMENT '1 = 男性 , 2 = 女性',
  `age` int(11) NOT NULL,
  PRIMARY KEY (`id`),
  UNIQUE KEY `index_name` (`name`),
  KEY `index_age` (`age`),
  KEY `index_gender` (`gender`)
) ENGINE=InnoDB DEFAULT CHARSET=utf8mb4
```

これはもう少し、INDEXについて勉強する必要があるぞ。

何が問題か

今回のアンチパターンは、INDEXのしくみを知らないことで発生しました。ただ、仮にINDEXのしくみを知っていても、データの変化も含めて適切に設計しなければ、将来的にINDEXが利用されなくなることがあります。RDBMSの性能を引き出すのにINDEXの存在は必要不可欠であるものの、使われなければまったく意味がありません。

次節から、INDEXのしくみや役割について解説していきます。

4.2 INDEXの役割

INDEXとは

　INDEX（索引）とはテーブルからデータを高速に取り出すためのRDBMSのしくみです。INDEXを適切に作成し、さらにそれを検索時に利用することでクエリの高速化が実現されます。

　INDEXはRDBMSによって実装方法が異なります。同じOSSでも、MySQLとPostgreSQLでは実装に違いがあります。

BTree INDEXのしくみ

　よくINDEXを使いましょうと一般的に言われていますが、実はINDEXにはいろいろな種類があります。その中でも、一般的にRDBMSで利用されているINDEXがBTree INDEXです。MySQLでもPostgreSQLでも、多少の細かい実装は違えど考え方は一緒で、みなさんが日々使うINDEXはBTree INDEXと言って良いでしょう。ですので、本章ではこのBTree INDEXのみを扱います。以降、本文中のINDEXはBTree INDEXのことを指すこととします。

　それではさっそくBTree INDEXの大まかなしくみですが、**図4.1**のとおりです。

図4.1 BTree INDEXの構造（PostgreSQLの例）

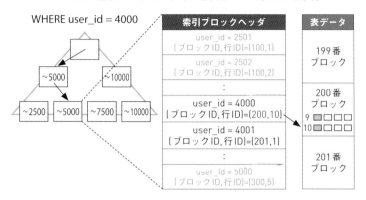

この例では、

```
SELECT * FROM users WHERE user_id = 4000
```

の結果を取得するために、INDEXを使わないテーブルスキャンでは200ブロックを読み込む必要があります（図4.2）。

図4.2 テーブルを直接読むコスト（テーブルスキャン）

1回で全行を取得する。300ブロックの表なら、当然300ブロック取得＝シーケンシャルI/O

それに対し、INDEXを利用すると4ブロックのアクセスのみで済みます（図4.3）。

第4章 効かないINDEX

図4.3 INDEXを利用するときのコスト

**表の1ブロックを利用するために最低
4ブロック(①〜④)取得＝ランダムI/O**

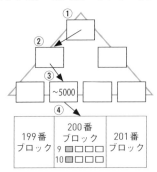

　単純に比較しても50倍の効率ですね！　このとおり、INDEXを利用することでテーブルスキャンに比べ高速にデータを検索できます。

4.3 「アンチパターンを生まないためには？

ここまでINDEXのしくみについて説明しました。INDEXを有効に使うことで高速にデータを検索できます。今回のアンチパターンには、次のような問題があります。

- INDEXのしくみと、RDBMSがどのように利用するかを知らない
- INDEXを利用するにはテーブル設計が不適切

INDEXの特性を交えて説明していきます。

設定したINDEXが効かない（使われない）ケース

次のようなケースでは、RDBMSはINDEXを使ってくれません。

- 検索結果が多い、全体の件数が少ない
- 条件にその列を使っていない
- カーディナリティの低い列に対する検索
- あいまいな検索
- 統計情報と実際のテーブルで乖離がある場合

各パターンの問題点とその解決方法をみていきましょう。

検索結果が多い、全体の件数が少ない

図4.3では、INDEXを使うと1つのデータを取り出すために4ブロックにアクセスしています。1行を取り出すだけであれば、「1行×4ブロック」ですのでコストは4です。100行取り出すのであれば「100行×4ブロック」

第4章 効かないINDEX

ですのでコストは400です。

　テーブルスキャンの場合は「テーブルの行数×1ブロック」がコストです。もしテーブルが200行しかない場合は、「200行×1ブロック」ですのでコストが200です。

　極端な例を言いますと、1万行のテーブルから9,999行を取り出すような場合、INDEXを使うよりもテーブルスキャンのほうが高速です。また、10行の中の5行を検索するような場合も、INDEXを利用した「5行×4ブロック＝20コスト」よりも「10行×1ブロック＝10コスト」のテーブルスキャンのほうが高速です。

　INDEXを利用するためには次の2つの条件が必要です。

①検索結果がテーブル全体の20%未満

　一般的な実務レベルでは10%未満を指標にするのが良い

②検索対象のテーブルが十分に大きい

　数万～数十万行が目安。1,000行程度のテーブルの場合はINDEXを参照するよりもテーブルスキャンが効率的なケースが多いため、INDEXは利用されにくい。たとえば都道府県マスタのように47行しかないテーブルの検索では、INDEXが利用されないケースが大半

　ここで注意すべきこととして、データの比率は時間とともに変わります。たとえばユーザの世代別に集計する必要があった場合に、世代の比率によってINDEXが有効活用できる／できないが決まります。次のような10万件の会員データがあったとします。

10代が10%／20代が50%／30代が10%／40代以上が30%

この場合に30代を抽出する次のクエリ、

```
SELECT * FROM users WHERE age BETWEEN 30 AND 39;
```

はINDEXが有効に利用される可能性が高いです。逆に20代は全体の50%

ですので、INDEXは利用されないでしょう。

　ではここで、このサービスの会員にまったく流動がないまま10年が経った場合はどうでしょうか？　当たり前ですが、現在の20代がそのまま30代になります。そのため、現状ではINDEXを利用している上記クエリが時間経過とともにある日、突然INDEXを利用しなくなります。これがまさに、章冒頭のTさんのような例で見られるケースです。

条件にその列を使っていない

　INDEXは、検索対象の列がWHERE句やJOINの際のON句などで利用されていない場合、利用できません。一見すると当たり前に見えますが次のような例が該当します。

・INDEXが利用されない例

```
SELECT * FROM users WHERE age * 10 > 100;
```

　この例では、INDEXをage列に対して設定している場合でもINDEXは使われません。検索の対象は**age * 10**の計算結果となるため、すべての行に対して計算・比較する必要が出てくるからです。この場合は次のように変更することでINDEXを利用するクエリとなります。

・INDEXが利用される例

```
SELECT * FROM users WHERE age > 100/10
```

　似たような例として、対象の列を関数の引数に指定している場合かあります。

第4章 効かないINDEX

・INDEXが利用されない例（MySQL）

```
SELECT * FROM `原稿` WHERE UNIX_TIMESTAMP(〆切期日) < $unix_timestamp;
```

・INDEXが利用される例（MySQL）

```
SELECT * FROM `原稿` WHERE `〆切期日` < FROM_UNIXTIME($unix_timestamp);
```

　こちらの例も同様です。INDEXは関数の結果を持っているわけではないので、すべての行に対して関数を実行する必要があります。そこで、関数の結果をINDEXを設定した列と比較するようにしています。

　PostgreSQLには式INDEXという機能があります。これは関数などの式の結果をINDEXにするという機能で、前述のUNIX_TIMESTAMP()のような結果をINDEXにできます。そのため、どうしても関数を利用する必要があるケースでも高速に検索できます。たとえば次のようなクエリでも、式INDEXを利用できます。

```
SELECT * FROM users WHERE SUBSTR(name, 0, 2) = '曽根';
```

カーディナリティの低い列に対する検索

　「列に格納されるデータの値にどのくらいの種類があるのか？」をカーディナリティと言います。種類が多い、つまり重複が少ないデータはカーディナリティが高いことになります。たとえばシーケンシャルなidは、各行ごとに新たな値が指定される場合は重複がなく、データの種類が多くあるのでカーディナリティが高いです。

　逆にカーディナリティが低い例は、今回のアンチパターンですと「性別」になります。**リスト4.1**のgender列は、**1 = 男性，2 = 女性**と2種類のデータしかないため、データに重複が多くなります。このようなカーディナリティが低い列に対して絞り込む場合は検索結果が多くなりやすいため、INDEXをうまく利用することが難しいのです。

　たとえば男女比が1:1であれば、genderに対する結果が常にテーブル

全体の50%になるため、`WHERE gender = 1`などの検索よりも、別の列に設定されたINDEXを利用したほうが有効となります。また、男女比が1:99の場合、`WHERE gender = 2`などの検索は99%が検索対象となるため、INDEXが有効活用できません。逆に`WHERE gender = 1`の場合は1%が検索対象になるため、有効にINDEXを利用できます。

あいまいな検索

RDBMSの検索にLIKE検索があります。パターンとしては表4.1の3種類があります。

表4.1 LIKE検索

種類	概要	例
前方一致	検索対象の中で指定した文字列から始まる単語に一致	`WHERE LIKE 'TEST%'`と指定するとTEST 01、TEST 02などにヒット
後方一致	検索対象の中で指定した文字列で終わる単語に一致	`WHERE LIKE '%TEST'`と指定すると01TEST、02TESTなどにヒット
部分一致	検索対象の中で指定した文字列が含まれる単語に一致	`WHERE LIKE '%TEST%'`と指定するとTEST 01、01TESTなどTESTを含むすべてにヒット

このうち、標準でINDEXを利用するケースは前方一致のみです。そのため、後方一致でINDEXを利用したい場合は、reverse()などの関数で対象の列をひっくり返して別の列に保存したり、PostgreSQLの式INDEXを利用したりする必要があります。

部分一致でINDEXを利用したい場合は、全文検索インデックスなどを利用する必要があります。こちらはRDBMSや使う拡張などによっても大きく特徴が変わりますので、今回はツールの紹介までにしたいと思います（表4.2）。

表4.2 全文検索インデックス

RDBMS	ツール名	URL
MySQL	Mroonga	http://mroonga.org/ja/blog/
PostgreSQL	PGroonga	https://pgroonga.github.io/ja/
	pg_bigm	http://pgbigm.osdn.jp/

統計情報と実際のテーブルで乖離がある場合

　INDEXを利用するかどうかは、クエリの実行時にオプティマイザが判断して決めています。このときの判断材料となるのが統計情報です。統計情報は定期的にテーブルから一定数のサンプリングを行い、それをもとに作られます。

　ただし、「実際のデータ分布から乖離した統計情報」が作られることがあります。次のような場合にそれは起こります。

　①サンプリングの前に大量のデータ更新が行われた（例：バッチ処理でデータを大量に追加した、範囲の広いUPDATEを行ったなど）
　②サンプリングで偏ったデータを収集した

　②は、データとクエリはまったく同じなのに、本番とステージングで実行計画が違う場合の原因になることもあります。

　これらのような場合は統計情報の更新を行いましょう。しかし、統計情報の更新によって実行計画が変動することが好ましくない場合もあります。そのようなときのために、利用するINDEXや統計情報を固定する手法があります。基本的にはオプティマイザに任せたほうが適切な実行計画となるクエリが多く、この手法はあくまで飛び道具ですので、参考ページの紹介までにしたいと思います（**表4.3**）。

表4.3 インデックス・統計情報の固定方法

RDBMS	参考ページ・ツール名	URL
MySQL	公式ページ「インデックスヒントの構文」	https://dev.mysql.com/doc/refman/5.6/ja/index-hints.html
PostgreSQL	pg_hint_plan（PostgreSQLは標準ではヒント句がないため、拡張として追加する必要がある）	https://pgroonga.github.io/ja/ https://github.com/ossc-db/pg_hint_plan
	pg_dbms_stats（統計情報を管理するためのツール）	https://github.com/ossc-db/pg_dbms_stats

4.4 アンチパターンのポイント

今回のアンチパターンの対策のポイントをまとめますと、次のとおりです。

- INDEX（とくにBTree INDEX）の特性をしっかりと把握して適切なINDEXを設定する
- INDEXを利用できるクエリを実行する
- INDEXを活用できるテーブル設計をする
- スロークエリログやデータの状態などをしっかりとモニタリングする

RDBMSは「今のデータ情報をサンプリングした統計情報」をもとにオプティマイザが判断しています。そのため未来のデータについては判断できず、そこも含めていかにテーブルを設計するかがエンジニアの腕の見せ所となります。今回の例は実務でもよく見られる例であり、設計時にどこまで考慮するか？——という判断も難しいため、継続的にデータの中身をモニタリングすることが大切になります。

Column インデックスショットガン

今回はINDEXを適切に有効活用できていないアンチパターンでしたが、名著『SQLアンチパターン』[注1]に「インデックスショットガン」というアンチパターンが出てきます。これは、「闇雲にINDEXを設定しまくる」というアンチパターンです。本編では触れませんでしたが、INDEXを設定することでINSERT/UPDATE/DELETEが遅くなるとい

注1) Bill Karwin 著、和田 卓人、和田 省二 監訳、児島 修 訳、オライリー・ジャパン発行、2013年 URL https://www.oreilly.co.jp/books/9784873115894/

う問題があります。複雑な複合インデックス（複数の列に対するINDEX）を設定し過ぎると、オプティマイザが不適切なINDEXを選ぶことがあります。

これらについて、『SQLアンチパターン』の中では「MENTORの原則」に基づいて対応しましょうと書いてあります（**表4.4**）。この点は今回のアンチパターン「効かないINDEX」でもまったく同様です。

表4.4 MENTORの原則

項目	詳細
Mesure（測定）	スロークエリログやDBのパフォーマンスなどをモニタリング
Explain（解析）	実行計画を見てクエリが遅くなっている原因を追求
Nominate（指名）	ボトルネックの原因（インデックス未定義など）を特定
Test（試験）	ボトルネック改善（インデックス追加など）を実施し、処理時間を測定。改善後の全体的なパフォーマンスを確認
Optimize（最適化）	DBパラメータの最適化を定期的に実施し、インデックスがキャッシュメモリに載るように最適化
Rebuild（再構築）	統計情報やインデックスを定期的に再構築

またINDEXは一般的に、追加よりも削除のほうが難しいです。なぜならば「このINDEXを外したことによるパフォーマンス遅延」は予測しづらく、リスキーである反面、INDEXを作りっぱなしするリスクはそれよりも比較的少ない場合が多いからです。

しかし、INDEXはテーブルデータを効率良く保存した実体のあるデータですので、ディスク容量も増えますし、作り過ぎは当然良くありません。今回のアンチパターンを見直し、INDEXを設計する際には、併せて3つの問いかけを自分にすることも大事です。

(1) このテーブルは1年後、3年後、5年後、何行くらいになるだろうか

データが少ないならINDEXは不要ですし、場合によっては後からも追加できます。データ内容によって将来的にINDEXが効かなくなることが想定される場合は、テーブル構造から見直す必要があります。

(2) このINDEXは複合INDEXでまとめる、または単一のINDEXで十分絞り込めるのではないだろうか

「不要なINDEXが多いのではないか？」「代替できるINDEXがあるのではないか？」と一度振り返ることはインデックスショットガンを防ぐために非常に有効です。

(3) 今このINDEXを張るべきか

INDEXはデータ傾向によっては活用できない可能性があるので、新規サービスなどでデータ傾向が見えない場合はリリース後の実際の傾向を見て判断することも大切です。

最後に筆者の経験則ですが、データベースの問題にはスケールアップすることで解決されるものが多いです。クラウドサービスが主流になりつつある昨今、スケールアップも大切な選択肢の1つです。

INDEXを使いこなすには、第3章でも紹介しましたが@yoku0825さんのスライド「WHERE狙いのキー、ORDER BY狙いのキー」が非常にわかりやすいのでお勧めです。BTree INDEXにフォーカスした『SQLパフォーマンス詳解』[注2]というすばらしい書籍もあります（同じ内容をWebサイト[注3]で読むこともできます）。

MySQLやPostgreSQLなどのRDBMSにこだわらず、みなさんこの機会にぜひ、一読していただければと思います。

注2) Markus Winand 著/発行、松浦 隼人 訳、2015年　URL http://sql-performance-explained.jp
注3) URL http://use-the-index-luke.com/ja/sql/preface

第5章

▶ フラグの闇

5.1 アンチパターンの解説
5.2 とりあえず削除フラグ
5.3 アンチパターンを生まないためには？
5.4 アンチパターンのポイント
Column フラグの闇はあとあと効いてくる

第5章 フラグの闇

5.1 アンチパターンの解説

　本章では、DB設計時についやってしまいがちなフラグのアンチパターンについてお話します。具体的な事例を交えながら、フラグの取り扱いがなぜ難しいかを説明します。

事の始まり

　Iさんは、新規ブログサービスのDB設計を任されました。

Iさん：この会員削除機能、物理削除だと、あとから戻してくれって言われたときに対応できないな。同僚のNさんに相談してみよう。
Nさん：会員削除？　削除系は事故が怖いから、いつも全部のテーブルに削除フラグを付けてるよ。
Iさん：なるほど！　確かに便利そうだ。今回はそれを採用しよう。

　時は開発段階に入った数ヵ月後へ。IさんのDB設計を確認中のアプリ開発者Aさん。

Aさん：あぁ、これ全部のテーブルに削除フラグがついてるじゃん（リスト5.1）。

リスト5.1 削除フラグ満載のDB設計

```
-- 削除の手順
UPDATE blog
SET blog.delete_flag = 1
WHERE blog.id = ?
-- 既存のブログを編集した場合
-- (1)
UPDATE blog
```

```
SET blog.delete_flag = 1
WHERE blog.id = ?
-- (2)
INSERT INTO blog
(..略..)
```

Aさん：これだと、blogテーブルに削除されたデータが混在していて、どれが正しいデータなのかわからない……。確かに過去の編集履歴も持ってるけど、有効なブログを取り出すのにこんなSQL（リスト5.2）を書くのか……。

リスト5.2 有効なblog（ブログ）を取り出すためのクエリ

```
SELECT
  *
FROM
  blog
  INNER JOIN users  ← usersをJOINして確認
    ON users.id = blog.user_id
    AND users.delete_flag = 0
  INNER JOIN customers  ← customersをJOINして確認
    ON customers.id = users.customer_id
    AND customers.delete_flag = 0
  INNER JOIN category  ← categoryをJOINして確認
    ON blog.category_id = category.id
    AND category.delete_flag = 0
WHERE
  blog.delete_flag = 0 JOIN
```

さらに悩むAさん。

Aさん：これ、削除とか更新のトランザクションをしっかりしないと、データが重複しそう。しかも仕様変更でテーブルが追加されるたびにクエリにJOINが増えていく……。UNIQUE制約もdelete_flagのせいで付けられないし、有効なデータを取り出すクエリは複雑だし、INDEXも効かない……。

第5章 フラグの闇

何が問題か

　今回のアンチパターンは、テーブルに削除という「状態」を持たせてしまったことです。これは削除フラグ以外にも、課金状態（与信の有無）やユーザ状態（退会・休会など）のケースでも起こり得ます。では、なぜこのようにテーブルに状態を持たせてはいけないのかを、削除フラグを題材に解説していきます。

5.2 とりあえず削除フラグ

このアンチパターンは、「フラグの闇」の中でも「とりあえず削除フラグ」と呼ばれ、現場でもよく見られるアンチパターンです。削除フラグは次のようなRDBの問題を多く含んでいます。

- クエリの複雑化
- UNIQUE制約が使えない
- カーディナリティが低くなる

クエリの複雑化

値を取り出すときのクエリが**リスト5.3**のように肥大化していきます。

リスト5.3 blogを取ってきたい場合

```
SELECT
  *
FROM
  blog
WHERE
  blog.delete_flag = 0
  ↑blogの削除フラグを見る
```

さらに更新者アカウントが削除された場合もカバーするには、**リスト5.4**のようなクエリとなります。

リスト5.4 有効なアカウントのblogを取ってきたい場合

```
SELECT
  *
FROM
  blog
  INNER JOIN users ←usersをJOINして確認
    ON users.id = blog.user_id
    AND users.delete_flag = 0
WHERE
  blog.delete_flag = 0
```

　加えて、そのユーザの所属やblogのカテゴリが削除された場合もカバーするには、最初の**リスト5.2**のようなクエリになります。

　このように関連するテーブルすべてに影響を与える形になり、アプリケーション開発時のコストが増大します。

　これでは、「あのデータを取るには○○と□□と△△をJOINしてWHEREしてSELECT句にASで別名を付けて……」のようなクエリを書かなければならない事態が頻発し、とくにアプリケーションの仕様変更時などにおいては影響範囲が広く、バグの温床となります。

UNIQUE制約が使えない

　削除フラグを使うと**図5.1**のように、name列に対してUNIQUE制約を使うことができません。

図5.1 UNIQUE制約が使えないDB設計

id	name	age	delete_flag
1	Soudai	32	1
2	Soudai	32	0
3	Sone	32	0
4	Taketomo	32	0

- サロゲートキーで外部キー制約をした場合、関連したデータは別人扱いになる
- 同じユーザが2名いるので、UNIQUE制約を使えない
- そのため、name列を元にした外部キー制約も使えない

UNIQUE制約が使えないデメリットとしては、次の3点があります。

・データの重複を防げない
・該当列に対して外部キー制約を利用できない
・外部キー制約を利用できないことでデータの関連性を担保できない

これらによってデータの整合性が担保できず、アプリケーション側の参照や更新の動作で、思わぬバグを埋め込むことがあります。

カーディナリティが低くなる

第4章の「効かないINDEX」で説明しました「カーディナリティ」についても、削除フラグの問題が影響します。カーディナリティとは「列に格納されるデータの値にどのくらいの種類があるのか？」を表す指標です。重複が少ないデータはカーディナリティが高いことになり、INDEXをうまく利用できます。

削除フラグの多くは、未削除（`delete_flag = 0`）の状態であり、削除フラグの列ではデータが重複し、カーディナリティが低くなります。そのうえ検索時には必ずdelete_flagを含めなければならず、ボトルネックの理由になります。

このように、削除フラグのようなカーディナリティが低く、必ず参照で利用される列に対してINDEXを利用する場合は、複合INDEXにdelete_flagを指定するといったことが必要になり、データベースの運用がより複雑になります。

5.3 「アンチパターンを生まないためには？

今回のアンチパターンは「テーブルに状態を持たせた」ことで発生しました。テーブルに状態を持たせるのは非常に危険です。

事実のみを保存する

このアンチパターンを回避するには、「事実のみを保存する」ことが大切です。今回の例ですと、削除済み会員テーブルを作るといった方法があります（**図5.2**）。

図5.2 「削除済み」のためのテーブル

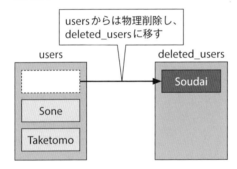

■トリガーを使う

この場合、削除済みのデータを移す操作はアプリケーション側で実装するのも良いですが、RDBMSの機能である「トリガー」——テーブルに対するある操作に反応して、別の操作を実行する機能——を使うと、アプリケーション側ではトランザクションを意識することなく、削除済みデータを作成できます。

しかし、トリガーはカラム追加などの仕様変更には弱いのでケース・

バイ・ケースで使用してください。トリガーについては第7章のコラム「トリガー」で使用上の注意点を解説しています。

■Viewを使う

すでに削除フラグがある場合は、Viewを活用する方法もあります（図5.3、リスト5.5）。

図5.3 Viewの活用

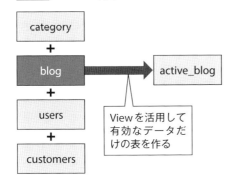

Viewを活用して有効なデータだけの表を作る

リスト5.5 有効なblogを取り出すViewを作るクエリ

```sql
CREATE VIEW active_blog AS
SELECT
  *
FROM
  blog
  INNER JOIN users    ←usersをJOINして確認
    ON users.id = blog.user_id
    AND users.delete_flag = 0
  INNER JOIN customers    ←customersをJOINして確認
    ON customers.id = users.customer_id
    AND customers.delete_flag = 0
  INNER JOIN category    ←categoryをJOINして確認
    ON blog.category_id = category.id
    AND category.delete_flag = 0
WHERE
  blog.delete_flag = 0 JOIN
```

Viewを活用することで、アプリケーションからの参照はシンプルになります。また、アプリケーションの仕様変更の際もViewの定義を変更するだけで済みます。

■Viewのデメリット

しかしViewにアクセスする場合は、Viewで定義されたクエリが再実行されますので、高速化にはつながりません。高速化を意識するなら、PostgreSQLならばマテリアライズド・ビュー、MySQLならサマリーテーブルを生成するのも良いでしょう。

しかし、PostgreSQLが提供するマテリアライズド・ビューでは差分更新にならないため、更新がボトルネックになります。

「状態」を持たせるのは絶対にだめ？

このように、テーブルに状態を持たせてしまった場合、その対処方法に銀の弾丸はありませんのでご注意ください。もし状態を持たせるなら、次のような点に十分に注意したうえで判断してください。

- 対象のテーブルが小さく、INDEXが不要
- そのテーブルが関連するテーブルの親になることがなく、データを取得する際に頻繁にJOINの対象になることがない
- UNIQUE制約が不要で、外部キーでデータの整合性を担保する必要がない

これら条件を満たす場合、テーブルに状態を持たせることは許容されます。しかしテーブルに状態を持たせると、何らかの理由でそれをリファクタリングする必要が出た場合に困難を極めます。そのため、最初から正しく事実だけを持たせることが無難で大切です。

削除フラグを利用したくなるケース

　削除フラグは使わなくて済むのであれば使わないほうが良いのですが、削除フラグを利用したくなる場面として、次のようなケースがあります。

- エンドユーザから見えなくしたいが、データは消したくない
- 削除したデータを検索したい
- データを消さずにログに残したい
- 操作を誤ってもなかったことにしたい
- 削除してもすぐに元に戻したい

　これらは確かに削除フラグで達成できますが、それ以外の設計でも対応できます。安易にテーブルに状態を持たせることなく設計することを心がけましょう。

第5章 フラグの闇

5.4 アンチパターンのポイント

削除フラグについては多くの議論がされており、次の資料が非常に参考になりますのでぜひご確認ください。

- 「とりあえず削除フラグ」[注1]
- 「MySQLで論理削除と正しく付き合う方法」[注2]
- 「PostgreSQLアンチパターン」[注3]

フラグの闇はついやってしまいがちなアンチパターンです。しかし、ジワジワと時間とともに苦しみを生み出すアンチパターンです。もしみなさんの周りで起きている場合は、ぜひリファクタリングを検討してみてください。また、今から作る新規案件ではアンチパターンを作り込まないように気を付けてください。

注1) URL https://www.slideshare.net/t_wada/ronsakucasual
注2) URL https://www.slideshare.net/yoku0825/mysql-52276506
注3) URL https://www.slideshare.net/SoudaiSone/postgre-sql-54919575

Column フラグの闇はあとあと効いてくる

statusカラム

削除フラグ以外にも、フラグの闇としてよく見るのがstatusカラムです。たとえば、会員の状態を次のように持つケースをよく見ます。

- 入会手続き中（メール確認前）
- 入会済み
- 有料会員
- 休会中

- 退会

これらの状態を、たとえば1〜5の数値型で持たせるケースがよく見受けられます。このケースは削除フラグ同様、取り出す際にWHERE句を利用したり、View側で表示のバグを防ぐためにif文でcheckを入れる必要が発生します。

送信ステータス

実装で次に多く見られるのが、次のようなメールマガジンの送信ステータスです。

- プレビュー
- 配信予約
- 配信中
- 配信済み

このケースでは、2つの問題があります。

1つめはパフォーマンスの問題です。頻繁にメルマガを送る場合、送信済みのメールも対象のテーブルに残るためテーブルが肥大化していき、将来的にパフォーマンスのボトルネックになります。

2つめはトランザクションの問題です。設計によっては、メール送信中は配信が重複しないように、メールの送信リストに対して排他的な行ロックを取って管理しなければなりません（リスト5.6）。

リスト5.6 mail_listにロックをかける

```
SELECT
  *
FROM
  mail_list
INNER JOIN
  users
ON mail_list.user_id = users.id
WHERE ....
FOR UPDATE
```

第5章 フラグの闇

　テーブルに状態を持たせている場合に大量のメルマガを送信すると、長時間ロックを取ることになります。

　フラグの問題は、サービスやデータが小さい場合や並列処理が少ない場合には、問題が顕在化しにくいです。しかし問題が顕在化したときには、手を付けられないほど大きな問題になっていることが多い、厄介なアンチパターンです。だからこそ、初期の段階で早めに対策することが非常に大切です。

第6章 ソートの依存

- 6.1 アンチパターンの解説
- 6.2 リレーショナルモデルとソートのしくみ
- 6.3 アンチパターンを生まないためには？
- 6.4 アンチパターンのポイント
  - Column 実行されないとわからないORDER BYの問題
  - Column RDBを補う存在、Redis

第6章 ソートの依存

6.1 アンチパターンの解説

　本章では「ソートの依存」という題名で、RDBの苦手なソートORDER BYについてのアンチパターンを紹介します。ソートはとても便利なRDBMSの機能ですが、パフォーマンス面で考えると、実はRDBが苦手とする分野です。その理由と、それによって引き起こされる問題について説明します。

事の始まり

Aさん：このページ、表示が遅いなぁ……。

　Aさんは会社の発注管理の担当者です。年度末に向け、今年の会計処理のために過去の発注履歴を確認しているところです。

Aさん：この発注履歴、最新のページはとくに問題ないけど、奥のページに行けば行くほど表示に時間がかかるな……。

　Aさんは過去の発注履歴を見るためにページを遡っている途中ですが、ページが昔のものになればなるほど、表示に時間がかかるようです。

Aさん：これってなんとかならないのかなぁ。

　悩んでるところに、情報システム部門のTさんが来ました。

Tさん：あー、これはソートの問題だね。
Aさん：ソート？

Tさん：ちょっと中身を見てみようか（**リスト6.1**）。やっぱり……。ページャの作りにも問題があって、そこも速度遅延の原因になってるね。順番に直していこうか。

リスト6.1 PostgreSQLで1年前の発注履歴を検索するクエリ

```sql
SELECT
  *
FROM
  "発注履歴"
WHERE
  "発注日時" > (now() + '-1 year');
ORDER BY
  "発注日時" DESC
LIMIT 100
OFFSET 5000;
```

何が問題か

　今回のアンチパターンでは、RDBMSのソートの使い方に問題があります。このようにソートは度々、パフォーマンスの問題を引き起こします。この原因を知るためには、RDBMSのORDER BYやLIMIT、OFFSETの挙動について知る必要があります。

6.2 「リレーショナルモデルとソートのしくみ

ソートのしくみの前に、まず簡単にリレーショナルモデルについて紹介します。

リレーショナルモデル

RDBはRelational DataBase（リレーショナルデータベース）の頭文字を取っています。そしてその元となっている考え方がリレーショナルモデルです。リレーショナルモデルは集合を扱うデータモデルのことです。集合には次のような性質があります。

・重複がない
・実在する要素しかない（NULLがない）
・要素に順序がない

リレーショナルモデルのデータモデルは集合ですので、重複もNULLもソートもないのです。みなさん、アレ？と思うところがありますね。ソフトウェアとしてのRDBMS（Relational Database Management System：リレーショナルデータベース管理システム）には、重複もNULLもソートもあります。これはどういうことかと言うと、実際に必要なデータは多種多様で、リレーショナルモデルのみで表現することは難しいため、拡張されているのです。

RDBMSは、リレーショナルモデルよりも幅広くデータを扱えることで表現力が上がりましたが、やはりリレーショナルモデルがもとになっているため、リレーショナルモデルにない世界を扱うことは苦手です。つまり今回の例にあるようなソートは、リレーショナルモデルの外の世界の話ですので、パフォーマンスのボトルネックになりやすいのは必然

なのです。

　もしリレーショナルモデルについて興味が出た方は、第2章でも紹介した『理論から学ぶデータベース実践入門』が非常にお勧めですので、ぜひ読んでみてください。

ORDER BYのしくみ

　リレーショナルモデルの世界にはソートがないことは、みなさんに伝わったと思います。ではRDBMSは、どのようにソートをORDER BYとして実装しているのでしょうか。RDBMSは**図6.1右**のように処理を進め、RDBMSのクエリ実行部分「エグゼキュータ」は**図6.1左**の順にSQLを評価します[注1]。

図6.1 RDBMSとエグゼキュータ

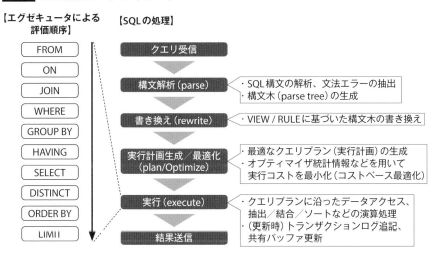

注1）「PostgreSQL 9.6.3文書　SELECT」 URL▶ https://www.postgresql.jp/document/9.6/html/sql-select.html

このように、すべてのデータを取り出してからORDER BYで並べ替え、最後にLIMITで必要なデータを切り分けます。

リスト6.2のように、データを取り出してからバラバラのデータを並び替えるため、ソートは高コストな処理ですし、実際のデータが大きくなればなるほど、さらに重い処理になります。

リスト6.2 SQLの処理の順序

```
SELECT  ← 3番目
  *
FROM  ← 1番目
  users
WHERE  ← 2番目
  id < 10000
ORDER BY name  ← 4番目
LIMIT 100  ← 5番目
```

WHERE句狙いのINDEX

このようにORDER BYは、データが大きくなればなるほど重い処理になります。ですが事前にWHERE句を使えば、対象を絞り込むことができます。

たとえば、1億件のレコードを並び替えるのと、それを1,000件に絞り込んでから並び替えるのとでは、同じORDER BY後に100件を取り出すとしても、処理時間が雲泥の差になることは歴然です。ですので、WHERE句を利用してデータを絞り込むことは重要ですし、さらにはWHERE句がINDEXを活用でき、データを十分に小さくできるのであれば、パフォーマンスは劇的に向上します（**図6.2**）。

図6.2 WHERE句狙いのINDEX

SQL: `SELECT * FROM users WHERE (性別) = '男性' ORDER BY 出身県id LIMIT 5`

(1) 性別のINDEXを利用して検索

ユーザid	名前	性別	出身県id
1	テストA	男性	1
2	テストB	男性	11
3	テストC	男性	2
4	テストD	女性	3
5	テストE	男性	1
6	テストF	男性	3
7	テストG	男性	2
8	テストH	女性	1
9	テストI	女性	4
10	テストJ	男性	3
11	テストK	男性	4
12	テストL	男性	2
13	テストM	男性	2
14	テストN	女性	1

(2) 該当の結果(10件)を取り出し、それをソート

ユーザid	名前	性別	出身県id
1	テストA	男性	1
2	テストB	男性	1
3	テストC	男性	2
5	テストE	男性	1
6	テストF	男性	3
7	テストG	男性	2
10	テストJ	男性	3
11	テストK	男性	4
12	テストL	男性	2
13	テストM	男性	2

(3) ソート中に5件が確定したら結果を返す

ユーザid	名前	性別	出身県id
1	テストA	男性	1
2	テストB	男性	1
5	テストE	男性	1
3	テストC	男性	2
7	テストG	男性	2

ORDER BY句狙いのINDEX

　WHERE句でデータを絞り込む優位性について説明しましたが、WHERE句が必ずしも最適解ではありません。第5章「フラグの闇」でも紹介しましたが、WHERE句でINDEXを利用する列は、カーディナリティが少なく、データの値が偏っているとINDEXが有効に活用されません。

　この場合に重要になるのが「ORDER BY句狙いのINDEX」と呼ばれる手法です。PostgreSQL、MySQLの標準的なINDEXの実装であるBTree INDEXは、データを「ソート済み」の状態で保存しています。勘の良い読者のみなさんは気づきましたね？　そうです、対象のソート結果とINDEXが同じならば、INDEXから取り出せば良いのです（**図6.3**）。これをORDER BY句狙いのINDEXと言います。

第6章 ソートの依存

図6.3 ORDER BY句狙いのINDEX

SQL：`SELECT * FROM users WHERE 性別 = '男性' ORDER BY (出身県id) LIMIT 5`

(1) 出身県idのINDEXを利用して検索

ユーザid	名前	性別	出身県id
1	テストA	男性	1
2	テストB	男性	1
3	テストC	男性	2
4	テストD	女性	3
5	テストE	男性	1
6	テストF	男性	3
7	テストG	男性	2
8	テストH	女性	1
9	テストI	女性	4
10	テストJ	男性	3
11	テストK	男性	4
12	テストL	男性	2
13	テストM	男性	2
14	テストN	女性	1

(2) ソートされた結果(7件)を取り出しながら性別を評価

ユーザid	名前	性別	出身県id
1	テストA	男性	1
2	テストB	男性	1
5	テストE	男性	1
7	テストG	男性	2
8	テストH	女性	1
14	テストN	女性	1

※ここでは7件を取り出して評価しているので図6.2の10件に比べて効率が良いうえ、ソートの処理が不要

(3) 5件が確定したら結果を返す

ユーザid	名前	性別	出身県id
1	テストA	男性	1
2	テストB	男性	1
5	テストE	男性	1
3	テストC	男性	2
7	テストG	男性	2

図6.4は、件数10,317,168のテーブルで、ORDER BY句狙いのINDEXを使っていない場合と使った場合の実行計画です。

図6.4 実際の「ORDER BY句狙いのINDEX」

```
そのまま実行
mysql> EXPLAIN SELECT * FROM users ORDER BY name LIMIT 10 ;  ※実行結果を一部省略
+----+-------------+-------+------+------+---------+---------+----------+-----------------+
| id | select_type | table | type | key  | key_len | rows    | filtered | Extra           |
+----+-------------+-------+------+------+---------+---------+----------+-----------------+
|  1 | SIMPLE      | users | ALL  | NULL | NULL    | 9880259 |   100.00 | Using filesort  |
+----+-------------+-------+------+------+---------+---------+----------+-----------------+
1 row in set, 1 warning (0.00 sec)

ORDER BY 句狙いの INDEX
mysql> EXPLAIN SELECT * FROM users ORDER BY name LIMIT 10 ;  ※実行結果を一部省略
+----+-------------+-------+-------+------------+---------+------+----------+-------+
| id | select_type | table | type  | key        | key_len | rows | filtered | Extra |
+----+-------------+-------+-------+------------+---------+------+----------+-------+
|  1 | SIMPLE      | users | index | index_name | 182     |   10 |   100.00 | NULL  |
+----+-------------+-------+-------+------------+---------+------+----------+-------+
```

rowsの項目を見るとわかるとおり、その差は一目瞭然です。

```
SELECT * FROM users ORDER BY name LIMIT 10
```

というクエリを実行すると、実行時間は11.51sec→0.01secと短縮できました。

ORDER BYでINDEXを利用すると、ソートの処理をすることなく、INDEXから該当のデータを順番に取り出すだけで済むので、高速な処理が可能になります。ORDER BYにINDEXを利用した場合の強みは次の2つです。

- ソートの処理が不要になる
- 評価数がLIMITの件数に達した時点で結果を返せる

MySQLでのORDER BY句狙い

ここまではPostgreSQLのORDER BY句狙いのINDEXについて説明しましたが、MySQLでも度々、INDEXを利用する際にORDER BYを"狙う"ことがあります。この話を、本書でよく取り上げているスライド資料「WHERE狙いのキー、ORDER BY狙いのキー」がよりわかりやすく説明しています。こちらはトランプを例に出したり、PerlでRDBのソートを表現したりした例があるのでぜひ見てみてください。

またORDER BYやINDEXのしくみについては「SQLパフォーマンス詳解」[注2]がとても参考になります。

ページャの問題

実は今回のアンチパターンでは、ソート以外にももう1つ問題があります。それはページャの実装方法です。

注2) URL http://use-the-index-luke.com/ja/sql/sorting-grouping

第6章 ソートの依存

　例ではLIMITとOFFSETを使って表示の対象を選択しています。今回の事例では最新のページは高速に表示することから、発注日にはINDEXが使えていることが読み取れます。ではなぜページを遡っていくと重くなるのでしょうか。それを紐解く鍵は図6.5の実行計画にあります。

図6.5 アンチパターンのSQLの実行計画

```
mysql> EXPLAIN SELECT * FROM users ORDER BY name LIMIT 10 OFFSET 500;   ※実行結果を一部省略
+----+-------------+-------+-------+------------+---------+------+----------+-------+
| id | select_type | table | type  | key        | key_len | rows | filtered | Extra |
+----+-------------+-------+-------+------------+---------+------+----------+-------+
|  1 | SIMPLE      | users | index | index_name | 182     | 510  | 100.00   | NULL  |
+----+-------------+-------+-------+------------+---------+------+----------+-------+
1 row in set, 1 warning (0.00 sec)
```

　ここではkeyの項目のとおり、index_nameというINDEXを利用しています。さらにこのクエリは、

```
LIMIT 10
```

のとおり、10件しか取り出しません。
　ですがrowsの項目に注目してください。そうです！　510件も取り出しています。これは、

```
LIMIT 10 OFFSET 500
```

のため、500行目まで順番に確認して、さらにそこから10件を取り出したため、全体としては500+10 = 510件のデータを取り出しているのです。つまり、

```
LIMIT 10 OFFSET 100000
```

なら100,010件を取り出すことになります。これが今回のアンチパターンの大きな原因になっています。

6.3 「アンチパターンを生まないためには？

では、どのようにSQLを改善すれば良いでしょうか。ORDER BYを速くするには、

- データを小さくする
- INDEXを活用する

の2点が重要です。

INDEXを活用できたとしても、全体の件数が多くなるとうまくいきません。INDEXは第4章の「効かないINDEX」でもお話ししたとおり、全体のデータの1割から、多くても3割程度の結果の場合でなければ活用されません。つまり、OFFSETで指定したデータ範囲がそれを超えると有効活用できないということになります。

idを指定してソートを高速化

ではどうすれば良いでしょうか？　この場合、WHERE句で絞る値を追加することで解決するテクニックがあります。

リスト6.3では、OFFSETではなく表示したい発注日時の最後の行を指定してさらに絞り込んでいます。

リスト6.3 「次のページ」として渡すのは「最後に表示された行のid」に

```
SELECT
  *
FROM
  "発注履歴"
WHERE
  "発注日時" > (now() + '-1 year');
  AND id < :前の表示ページの最後の行のid
ORDER BY
  "発注日時" DESC;
LIMIT 100
```

　アプリケーション側で「次のページ」として渡すのはOFFSETの値ではなく、最後に表示された行のidにすることですばやく絞り込めます。

　これは、「発注日時が順にINSERTされるのであればidも発注日時と同様に並んでいる」ということを利用しています。また、発注日時ではなくidで絞り込みしているのは、発注日時は必ずしもUNIQUEではないため、場合によっては発注日時がページとページの間でかぶり、条件によって表示されなくなることがあるためです。

　この手法には次のメリットがあります。

- データ量が増えてもINDEXを活用できるため高速
- ページ数が深くなってもOFFSETを利用しないため取得行が肥大化しない

　また、SELECTの指定項目がidと発注日時のみの場合は、MySQLの場合は「カバリングインデックス」、PostgreSQLの場合は「インデックスオンリースキャン」が期待できます。INDEXに含まれているデータのみが必要な場合は実際のテーブルデータにアクセスせずに結果を返せるため、より高速です。

idを指定できないケース

このようにORDER BYやINDEXのしくみを知り、SQLを工夫することでパフォーマンスを何十倍にもすることができます。ただしこの手法は、次のような場合には使えません。

(1) ORDER BYの結果がidの順番と関係なく、またUNIQUEな値でない

たとえばnameなど、UNIQUEな値ではなく、idが順不同の場合です。ただし、

```
ORDER BY name, id DESC
```

のように、idでもソートすることで改善する場合もあります。

(2) UNION/GROUP BY/HAVINGが使いたい

UNIONやGROUP BYやHAVINGを利用した場合、結果にidが使えないケースがあります。この場合は、PostgreSQLならGENERATE_SERIES()などで無理矢理に連番を作ることができますが、GROUP BYの結果などにはINDEXが当然ないため、ORDER BY句狙いのINDEXなどは使えません。

UNIONなどが高速に動作し、データ量が少ない場合は大きな問題にはなりませんが、OFFSETの例と同様に、データ量が大きくなるとORDER BY狙いのINDEXが使えない問題が顕在化します。

また大前提として、GROUP BYなどとORDER BYは相性が良くありません。そのため、GROUP BYとORDER BYが組み合わさったケースでは、集計結果のサマリーテーブル（PostgreSQLの場合はマテリアライズド・ビューでも良い）を作り、そこにINDEXを貼ることを検討しましょう。

ページャの難しさ

　idを指定することでページャを高速化することを紹介しました。JOINや複雑なWHERE句を必要とする場合はテーブルスキャンが発生しやすく、それに対してORDER BYを利用するため、パフォーマンスのボトルネックになりがちです。また、データは少しずつ増えていくので、最初は表示に問題がなくても時間の経過とともに問題が顕在化してくるのも、ページャの問題点の1つです。

　ですが、ページャはRDBのパフォーマンス以外にも多くの問題を抱えています。たとえば、3ページ目から4ページ目にアクセスする途中に1ページ目のデータが削除されると、表示される行が変わるため、表示されずに飛ばされる行が発生します。このように、ページャには技術的にいろいろな課題がありますので、実装が悩ましい機能の1つです。

大きなデータをソートしたいときは？

　結論を言えば、RDBMSの機能を使わずに実装することになります。一般的な方法は次の3つのいずれかでしょう。

(1) アプリ側でソート

　RDBMSにソートをさせないため、RDBの負荷を下げることができるメリットがあります。

　たとえば、フロントエンド側からデータの一覧をREST APIで取得し、それをJavaScript側でソートさせて表示させる方法です。表示に合わせて複雑なソートがしたい場合や、同じデータに対してリアルタイムかつ頻繁にソート条件を切り替えたい場合などで有効なケースです。

　最近はネイティブアプリなど、クライアント側の環境がリッチになってきたため有効な方法の1つですし、ソートの処理を分散化できるメリットもあります。しかし、データ一覧をアプリにすべて渡す必要がありますし、データサイズが大き過ぎると通信がボトルネックになること

もあるので注意しましょう。

(2) ソート済みの結果をキャッシュして利用

ソートの処理が決まっており、結果が変更されにくいデータなどはキャッシュが有効です。たとえば、郵便番号や市町村の住所などが該当します。ただし、キャッシュは更新頻度が高いデータでは使い物になりませんし、アーキテクチャの複雑度が上がりますので、使わずに済むのであれば使わず対応するのが良いでしょう。

またデータをキャッシュするのではなく、表示結果が同じ場合はHTML自体をVarnish[注3]などのHTTPアクセラレータでキャッシュしたり、CDNを使ってJSONをキャッシュしたりする手法もあります。

(3) NoSQLなどを利用してソート

近年ではこの方法が一般的です。RDBMSはとても便利なソフトウェアであることは間違いありません。とくにデータが少なく、システムとしてシンプルな場合は、RDBMSの機能だけでシステムを実現することで運用もシンプルになることが多々あります。しかし、RDBの苦手な処理を行うと、パフォーマンスに大きな課題が生まれます。このような場合は、NoSQLなどの特定用途に特化した製品を利用して実装することも検討しましょう。適材適所に選択肢を選ぶこともエンジニアの腕の見せ所です。

注3) URL https://varnish-cache.org

6.4 アンチパターンのポイント

　ORDER BYでINDEXを使うことを始め、RDBMSのソートについてお話しました。では実際に業務でうまく活用するためにどうするか？と言われた場合の答えは「しっかりと実行計画を見る」ということです。

　たとえば、ORDER BY句狙いが良いか、それともWHERE句狙いが良いかは、中に入っているデータによって変わります。オプティマイザは今の情報しか知らないため、未来にどんなデータが入るかわかりません。そのため、場合よっては不適切な実行計画を選ぶことがありますし、実行計画がある日変わることもあります。だからこそ、実行計画をしっかりと見ることが大切ですし、実行計画を見るとこれまでに学んだRDBMSの挙動が見えてくるはずです。

　最近はMySQL Workbench[注4]やpgAdmin 4[注5]など、実行計画をグラフィカルに表示してくれるツールも出ています。これらを活用してぜひ実行計画を見てみてください。既存のシステムでも、予想外の発見があるかもしれません。

　ソートの依存は現場でもよく見られるアンチパターンです。また、改善するためにはアプリケーションの影響が多く、あとから修正するのがたいへんなのも特徴のアンチパターンです。みなさんも初期設計の段階で、ソートについてはしっかりと検討・実装してください。

注4) URL https://www.mysql.com/jp/products/workbench
注5) URL https://www.pgadmin.org

Column 実行されないとわからないORDER BYの問題

　ORDER BYを利用したクエリが急激に遅くなる瞬間があります。それは、メモリ内ですべてを処理できなかったときです。PostgreSQLもMySQLも、ソートの処理はメモリ上で実行できる場合にはクイックソートを利用しますが、それ以上のサイズになると、ソート結果をファイルに書き出す「外部ソート」になります。ORDER BYの外部ソートは処理が遅くなる典型的なパターンの1つで、次の2つの問題があります。

- データ量が成長することで当初は問題がなかったクエリがある日突然外部ソートになる
- クイックソートか外部ソートかは実行されるまでわからない

　とくに「実行されるまでわからない」は、RDBMS側のモニタリングで予測することが難しいパターンの1つです。そのため、スロークエリログをモニタリングしてチェックしたり、外部ソート時に生成されるファイルを監視したりして、いち早く問題に気づけるようにすることが大切です。

Column RDBを補う存在、Redis

　RDBの苦手な処理はNoSQLに任せるのも選択肢の1つと本文で紹介しました。その中でもRedisは、RDBMSと苦手なところをカバーし合うソフトウェアです。

Redisとは
　Redisは非常に高速に動作するインメモリ型キー値データ構造ストアです。

- 非常に高速に処理を行うことができる
  - すべてのデータをメモリ上で処理するため非常に高速（永続化することも可能）
  - 豊富なデータ型とそれに対する演算方法が多彩
- 簡単にレプリケーションを行うことができる
  - 非同期レプリケーションによって可用性の向上と参照のパフォーマンス向上を行える

　以上のような特徴からRedisは、キャッシュ、セッション管理、キュー、ソートといった場面でよく利用されます。

RedisとRDBMSを組み合わせる
　このようにRDBの苦手な部分を高速に処理できるため、RedisはRDBMSと非常に相性が良いです。とくにSorted Set（ソート済みセット型）を使うと、高速にソート済みデータを検索したり、取得したりすることができます。これは、ORDER BYがINDEXから高速にデータを取得できることに似ており、それ専用の型を持っているRedisの強みです。
　しかし、Redis自体は永続的にデータを扱うことは苦手ですし、保存できる容量が制限されており、クラッシュセーフではありません。その点もRDBMSとの住み分けになっており、トランザクションが必要な課金系のデータはRDBMSに保存し、処理の結果はRedisに保存して参照はRedisから行うといった構成はよく取られます。

　Hadoopのような大量データの分散処理とはまた違ったアプローチによる、RDBMSとの住み分けができるRedisは、みなさんの設計にとても役立つ選択肢の1つです。今まで使ったことがない方は、ぜひこの機会に調べて覚えてみてください。

第 7 章

▶ 隠された状態

7.1	アンチパターンの解説
7.2	似たようなアンチパターン
Column	EAVの代替案になり得るJSONデータ型
7.3	隠された状態が生む問題
7.4	アンチパターンを生まないためには？
7.5	アンチパターンのポイント
Column	トリガー

第7章 隠された状態

7.1 アンチパターンの解説

　RDBに状態を持たせるのはたいへん危険です。第2章「失われた事実」や第5章「フラグの闇」でも、RDBに事実のみを保存することの大切さと難しさをお話しました。なぜ複数の章に渡って強調してきたかというと、隠された状態には多くの罠が潜んでいるからです。本章ではその理由と、それによって引き起こされる問題について説明します。

事の始まり

　会員情報を管理するシステム、その開発のDB設計のフェーズで、設計者が良からぬことを思いつく。

DB設計者：すごいことを思いついたぞ。IDの先頭が9なら管理者、1なら一般ユーザとすれば、is_adminカラム[注1]がいらないぞ！　しかもこれなら、ユーザの権限が増えたときにいちいちroleを示すカラムを追加しなくても、208までの値で表現できるし便利だ！

　——時間は経ち、実装フェーズへ——

アプリ開発者：このテーブル、user_id見ないと管理者なのか一般ユーザなのかわかんないじゃん。ふぅ……、意味を含んだIDを使うと結局こういうコード（**リスト7.1**）を書くハメになるんだよなぁ。これならカラムを分けてるほうが、$user->is_adminを見るだけだからコードもわかりやすいし楽だよ。

注1）ユーザが管理者かどうかを判別するためのフラグを格納するカラム。

リスト7.1 user_idを見てユーザを判別

```
if($this->is_admin($user->user_id))
{
  // 管理者用の処理へ
}
// user_id の先頭が9だった場合は管理者
function is_admin($user_id)
{
  $role_id = mb_substr($user_id, 0, 1);
  return ($role_id == 9) ;
}
```

——それから3日後——

PM：管理する権限、一般ユーザと管理者だけだったけど、「閲覧のみユーザ」も追加することになったから。
アプリ開発者：え？　その「閲覧のみユーザ」はどうやって見分けるんですか？
PM：user_idの先頭が8のユーザを閲覧のみユーザとする。
アプリ開発者：はい……（書き直しになるぞ）。

——リスト7.2で運用を開始し、それから3年後。——

リスト7.2 リスト7.1に「閲覧のみユーザ」用の処理を追加

```
$role_id = $this->get_role_id($user->user_id)
if (role_id == 9) {
    // 管理者用の処理へ
} elseif (role_id == 8) {
    // 閲覧のみユーザの処理へ
}
function get_role_id($user_id)
{
  return $role_id = mb_substr($user_id, 0, 1);
}
```

社長：今の会員数と管理者の人数って何人？

運用者：すぐには出せません。明日でも良いですか？
社長：え？　count()で会員数を数えるだけでしょ。
運用者：それが、user_idから権限を判断してるので検索用のSQL関数が必要です。つまりはテーブルフルスキャンになるので、時間がかかるんです……。
社長：なんだって……。

何が問題か

今回のアンチパターンにはデータの保存方法に問題があります。今回の例ではわかりやすく、user_idの先頭文字のみでしたが、次のような場合はどうでしょう？

県番号（2桁）部門ID（3桁）支店ID（4桁）
（例：330010012）

このIDの例は後にも出てきますが、このような場合には県別や部門別のGROUP BYができないため、集計のために`substr(id, 3, 3)`などで整形してから検索する必要があります。また、第4章「効かないINDEX」でもお話しましたが、基本的に関数を利用したWHEREやGROUP BYは、関数を実行してみるまでRDBMS側では結果がわからないので、INDEXを利用できません。そのため開発面の工数も上がりますし、運用面のコストも格段に上がります。

意味を含んだID

このように、意味を持たせたIDを「意味を含んだID」、あるいは「論理ID」「スマートカラム」と言ったりします。IDとはidentificationのことですから、識別できる一意の値以上の意味を持たせてはいけません。このアンチパターンのように、データにビジネスロジックを持たせた

り、複数の意味を持たせたりすると、一見しただけでは本来の状態を読み取れないデータになってしまいます。これが隠された状態です。

意味を持つIDについては、奥野幹也さんのブログ「漢のコンピュータ道」でも取り上げられたテーマですので、ぜひそちらの記事[注2]も見てみてください。

複数の目的に使われるテーブル

もっとシンプルに考えると、テーブルそのものに問題があることが考えられます。

今回のアンチパターンでは、ユーザの属性として一般ユーザと管理者を1つのテーブルに格納したことが問題です。データの属性によって入る値が変わるカラムやNULLが入るようなカラムがある場合は、複数の目的で使われるテーブルになっていないか調査しましょう。

たとえば、管理者テーブルと一般ユーザテーブルに分ければこのような問題は発生せず、アプリ側は参照するテーブルを分けることで、問題を局所化することができます。ドメインとしても分けやすくなるので、モデルとしてシンプルになるでしょう。似たような属性のデータの場合、1つのテーブルに保存してしまいがちですが、パフォーマンスの面を考えても、テーブルを分けたほうが良いケースが圧倒的に多いです。加えて、テーブルを分けることで、「管理者の場合は値が入るが一般ユーザの場合はNULLになる」といったカラムの出現も防げます。

注2)　「リレーショナルモデルのドメイン設計についての議論」 URL http://nippondanji.blogspot.jp/2013/12/blog-post_8.html
　　　「IDの設計についてのさらに突っ込んだ議論」 URL http://nippondanji.blogspot.jp/2013/12/id.html

第7章 隠された状態

7.2 似たようなアンチパターン

　ここまでは意味を含んだIDを取り上げて隠された状態の話をしましたが、実は隠された状態はこれだけではありません。RDBの設計の際、汎用性を高める設計を目指した場合にたびたび陥る罠として、「EAV」「Polymorphic Associations」の2つのアンチパターンが書籍『SQLアンチパターン』で紹介されています。それぞれ噛み砕いて紹介したいと思います。

EAV（エンティティ・アトリビュート・バリュー）

　複数の目的に使われるカラムを用意する設計です。たとえば、図7.1の会員情報テーブルのような設計です。

図7.1 EAV

会員テーブル

会員id	名前
1	曽根 壮大
2	曽根 徠楽
3	曽根 煌楽
4	曽根 朔楽

会員情報テーブル

会員id	属性名	値
1	年齢	32
1	特技	格闘ゲーム
1	職業	CRE
2	年齢	9
2	特技	バレエ
2	好きな食べ物	抹茶アイス

会員情報テーブルには情報を柔軟にINSERTできるが、何が入っているかは取り出してみないとわからない

　この設計では、どのような属性名・値の組み合わせのデータであっても保存できる反面、次のようなデータの状態は実際に取り出すまでわかりません。

- その属性名に対する値があるのかないのか
- その属性名があるのかないのか
- 属性名と値の組み合わせは正しいのか
- 属性名の一覧

また次のような設計上の問題もあります。

- 必須属性が設定できない
- データ型が指定できない
- 正規化されていないため外部キー制約（参照整合性制約）が強制できない
- 属性名を補う必要がある

設計上の問題について、1つずつみていきましょう。

■必須属性が設定できない

　たとえば、属性名＝「年齢」にはNOT NULL制約を設定して必須属性にしたいところですが、「電話番号」が保存されることもあり、そのときにはNULLが入る場合があります。ですので、ひとくくりに必須属性を設定できません。本来であれば、年齢カラムにNOT NULLを設定するだけで実現できるしくみも、EAVではできないのです。

■データ型が指定できない

　たとえば、属性名＝「作成日」の値は当然日付でないとダメですが、「年齢」や「電話番号」も保存され得るため、ひとくくりに日付型を設定できません。加えて、「作成日」＝yyyy/mm/dd、「更新日」＝yyyy-mm-ddのように、同じ日付でもフォーマットが違うデータが生まれてしまいます。これにより、範囲検索が難しくなるなどの問題が起きます。

第7章 隠された状態

■正規化されていないため外部キー制約(参照整合性制約)が強制できない

たとえば、属性名=「都道府県」の値には「東京都」と「東京」の両方が保存される可能性があります。本来であれば、正規化して都道府県テーブルを作ってidを指定することで、表記揺れは発生せず、また存在しない都道府県を指定されることもないのですが、EAVではこのような問題も発生します。

■属性名を補う必要がある

上記項目と同じく、属性名も表記揺れの影響を受けます。たとえば、属性名が「updated_at」なのに日付が入る可能性もありますし、場合によっては「update_at」のようにタイピングミスが生まれる可能性もあります。

◆ ◆ ◆

このように、汎用性を高めた反面、RDBが本来持っている多くのメリットを失い、RDBの責務であるデータを守ることが難しくなります。

Polymorphic Associations(ポリモーフィック関連)

子テーブルが複数の親テーブルを持つような設計です。たとえば図7.2のような設計です。

図7.2 Polymorphic Associations

Properties テーブル (子)

properties_id	名前	住所	参照先
1	株式会社hoge	群馬県…	Shop
2	合同会社bar	東京都…	Shop
3	曽根 朔楽	広島県…	User
4	曽根 壮大	広島県…	User
5	有限会社fuga	京都府…	Shop
6	曽根 煌楽	広島県…	User
7	曽根 徠楽	広島県…	User

Propertiesテーブルの参照先によって親テーブルが変わるため、外部キー制約が貼れない

Shop テーブル (親)

shop_id	properties_id	従業員
1	1	2
2	2	50
3	5	100

User テーブル (親)

user_id	properties_id	年齢
1	3	4
2	4	32
3	6	7
4	7	9

この場合、子テーブルの属性によって紐づく親テーブルが変わります。そのため外部キー制約は使えず、アプリ側や運用者としてはJOINする対象がデータを取り出すまでわかりません。その結果、親テーブルの両方をJOINしてからNULLの場所によって対象データを判断するような運用が行われるようになり、非効率なクエリが実行されることになります。

またEAVとは違い、テーブルをそれぞれ用意することで必須属性やデータ型を利用できますが、EAVと同じく外部キー制約は使えないために、参照整合性は担保できません。

テーブル単位で状態を隠す

まとめると、EAVは1つのカラムに状態を詰め込んでレコード単位で状態を隠す手法ですが、Polymorphic Associationsはテーブル単位で状態を隠す手法と言えるでしょう。

前述のとおり、EAVとPolymorphic Associationsについては『SQLアンチパターン』で詳しく解説されています。使いたくなるケース、その場合の解決策などが細かく書かれていますので、ぜひご一読ください。

> **Column** EAVの代替案になり得るJSONデータ型
>
> スキーマレスな設計ができることがEAVのメリットです。しかし、多くのデメリットがあることは理解できたかと思います。そこで近年、MySQL 5.7やPostgreSQL 9.3以降のRDBMSではその代替案として、JSONデータ型を採用するケースがあります。JSONを利用することで、Key-Valueな値をそのまま保存できるうえに、Keyでの検索やValueの更新をRDBがサポートしてくれる場合もあります。これにより、EAVを採用するケースはほぼなくなったと言えるでしょう。
>
> ただし、JSONデータ型にもデメリットはあります。そのお話は第8章で扱います。

7.3 隠された状態が生む問題

コードやデータから見えない状態の辛さ

　隠された状態は、パフォーマンスの問題も当然ありますが、何よりも運用コストが跳ね上がることが問題です。

　今回の例のように、権限別の集計SQLは難しくなりますし、仕様変更などの影響範囲も大きくなります。EAVやPolymorphic Associationsといった、ほかの隠された状態の例のいずれでも、アプリ側では一見して状態を判断できず、仕様変更があったときにはたいへんです。運用者も、データが大きくなればなるほどたいへんになります。

　また、バグが起きて不正なデータが生まれた場合に整理が難しいのも、このアンチパターンの特徴です。アプリ側はコードからデータが判断できないため、バグを生みやすい構造になっています。そのため不正なデータも入りやすく、開発者も運用者も苦しい状態になるのです。

失われた制約

　不正なデータが入りやすい問題に関連して、隠された状態を持つ設計では制約が使えなくなる、つまりアプリのバグやオペレーションの際に不正なデータが投入されることを防げない、という問題もあります。

■無防備になるデータベース

　先ほどの説明のとおり、アプリ側で判断できないため不正なデータが投入されやすいです。これを制約で防げれば問題ないのですが、隠された状態の設計ではCHECK制約や外部キー制約が使えないため、RDB側の制約で防ぐことができません。

■ドキュメントもない場合は……

　加えて、ドキュメントに正しい仕様が残されていない場合、どの値が何を表すのかが正しく読み取れなくなります。そんなケースでの運用者は、それが正しいデータなのか不正なデータなのかを判断することが難しくなり、最終的にはコードを読み解くことになります。

　例を挙げますと、何らかの理由で「IDが7から始まる会員のデータ」を作り、その背景をドキュメント化していない場合、7から始まる会員がどのような権限なのか、コードを読む以外に判断できなくなります。会員IDのような値は多くのケースで主キーとなっていることから、多くのテーブルから外部キー制約として参照されます。そのため一度設定されると最後、更新することが難しいのも特徴です。

■制約が守るもの

　次のようなことを想像してみてください。もしも権限が1桁では足りず、2桁になったら？　冒頭で見せた「県番号（2桁）部門ID（3桁）支店ID（4桁）」といったIDの場合に部門IDが3桁で足りなくなったら？　もうおわかりでしょう。すべての関連するテーブルに影響を与える大改修になり、もちろんアプリ側も影響を受けます。

　このように制約はデータを守り、アプリを守り、そしてシステムを守ることで、運用コストや開発コストを下げてくれているのです。それを失うことは大きなデメリットと言えます。

7.4 「アンチパターンを生まないためには？

今回のアンチパターンは「1つのデータ（テーブル・カラム・レコードなど）に複数の属性を与えた」ことで発生しました。何度も言いますが、RDBには事実のみを保存するのが基本です。ですので、そのデータの属性や責務が複数ある場合は、もちろんその保存先を分けていくのが妥当です。

たとえば、意味を含んだIDの場合は図7.3のように正しく正規化するのが良いでしょう。

図7.3 意味を含んだIDのリファクタリング

会員テーブル

会員id	名前
900001	曽根 壮大
900002	曽根 徠楽
100003	曽根 煌楽
100004	曽根 朔楽

会員情報テーブル

会員id	名前	権限
1	曽根 壮大	管理者
2	曽根 徠楽	管理者
3	曽根 煌楽	一般ユーザ
4	曽根 朔楽	一般ユーザ

これで外部キー制約も設定可能ですし、GROUP BYによる検索も容易です。場合によっては権限が増えることもあるでしょう。そのときはINSERTするだけで正しく追加できます。

Polymorphic Associationsの場合は、先ほど紹介した『SQLアンチパターン』にも記載してありますが、交差テーブルを用意するのが良いです（図7.4）。

7.4 アンチパターンを生まないためには？

図7.4 Polymorphic Associations（図7.2）のリファクタリング

Properties テーブル

properties_id	名前	住所
1	株式会社hoge	群馬県…
2	合同会社bar	東京都…
3	曽根 朔楽	広島県…
4	曽根 壮大	広島県…
5	有限会社fuga	京都府…
6	曽根 煌楽	広島県…
7	曽根 徠楽	広島県…

交差テーブル

shop_id	properties_id
1	1
2	2
3	5

user_id	properties_id
1	3
2	4
3	6
4	7

Shop テーブル

shop_id	従業員
1	2
2	50
3	100

User テーブル

user_id	年齢
1	4
2	32
3	7
4	9

　また、複数の目的で使われるテーブルの場合やEAVでは、責務を分けて図7.5のようにしましょう。

図7.5 複数の目的で使われるテーブルのリファクタリング

会員テーブル

会員id	名前	権限
1	曽根 壮大	管理者
2	曽根 徠楽	管理者
3	曽根 煌楽	一般ユーザ
4	曽根 朔楽	一般ユーザ

管理者テーブル

会員id	名前
1	曽根 壮大
2	曽根 徠楽

一般ユーザテーブル

会員id	名前
3	曽根 煌楽
4	曽根 朔楽

7.5 アンチパターンのポイント

　このように隠された状態は、汎用性を上げることを目的としたものである場合は正しく正規化できます。とくに交差テーブルは、作ることが面倒なため忌避する人もいますが、それは逆効果です。外部キー制約やトランザクションのパフォーマンスの問題が顕在化して初めて対策するのでは遅いですし、もとのテーブル設計はそのままに解決できることが多いからです。
　このアンチパターンを防ぐコツは次の3つです。

- データに複数の意味を持たせない
- 1つのデータの責務を小さくする
- 常に状態が見えるようにするために事実のみを保存する

　これらを守り、より良い設計を心がけましょう。
　隠された状態はアプリ側にも影響が大きいアンチパターンです。一度導入すると、その問題は多くのアプリに波及し、いずれは破綻することでしょう。そうなる前に、早めにリファクタリングをご検討ください。

Column　トリガー

メリットとデメリット

　隠された状態に近い機能がRDBMSには用意されています。それが、第5章でも少し触れたトリガーです。トリガーはアプリや運用者側からは見えませんし、振る舞いが予想できません。それがメリットでもありデメリットでもあります。たとえば、一時的にDELETEされた会員のレコードを、アプリに影響を与えることなく保存したいといった

場合にトリガーは有能です。しかし、永続的に影響を与えるような場所でトリガーを使うと、隠された状態と同等の問題を生むことがあります。

トリガーを使っても良い場面
　設計における隠された状態と違うのは、制約を犠牲にしないという点です。そこで筆者は、アプリ側で機能を実装するのと比較したうえで次のようなメリットがある場合のみ、トリガーの採用を検討しています。

　①パフォーマンス的メリット
　②アプリ側の実装が大幅に削減できる
　③既存のアプリの振る舞いを維持したまま、仕様を変更できる

　①の例としては、INSERTされた数をカウントするテーブルを作成する場合などです。②や③の例としては、先ほどのような会員を削除する場合などです。
　また、複数のアプリからデータベースが参照されているケースでのデータベースリファクタリングは、アプリの振る舞いを維持したまま行いたいので、トリガーは重宝します。
　しかしここに書いたような採用ケースは、「顕著なメリット」がある場合のみの話です。メリットと隠された状態が生むデメリットを比較して悩むようであれば、採用を見送るのが妥当でしょう。筆者も、多少メリットのほうが大きいかも、という程度であれば採用を見送っています。このバランス感覚は、経験に基づく設計力が試される部分でもありますので、ぜひ養っていただければと思います。

第 **8** 章

▶ JSONの甘い罠

8.1 アンチパターンの解説
8.2 「なんでもJSON」の危険性
8.3 アンチパターンを生まないためには？
8.4 アンチパターンのポイント
Column JSONデータ型のほかの使い道

第8章 JSONの甘い罠

8.1 アンチパターンの解説

　最近のMySQLやPostgreSQLなどのRDBMSが対応している「JSON」のアンチパターンについてお話します。

　本来、リレーショナルデータモデルはスキーマレスな設計と相性が悪いことは、第7章のEAVの話の中でも指摘しました。ですが、データをJSONとしてカラムに保存できれば、簡単にスキーマレスな設計を実現できます。

　TEXT型にJSONを入れたり、PHPなどでSerializeした情報を入れたりして、このような設計を実現している例がありますが、これはまた別のアンチパターンであり、多くの問題を持っていました。そこでRDBMS側が出した答えが、JSONデータ型[1]を用意するというものです。これにより、今までは実現できなかった設計や利便性を得ることができます。しかしJSONデータ型は、残念ながら完全ではありません。本章ではJSONデータ型のメリットとデメリット、そしてJSONによって引き起こされる問題について説明します。

事の始まり

> **開発者Aさん**：画面に項目が追加されるたびにDBの仕様変更になるのが辛い……。クライアントの要求はどんどん追加されるし、このままだと仕様変更のたびにDBが変更されて開発が間に合わないぞ。とは言えEAVな設計はあとから困るし……。ん？　PostgreSQLにはJSONデータ型ってのがあるのか！　これだとスキーマレスなDB設計を実現できる（**リスト8.1**）！

注1) URL https://www.postgresql.jp/document/9.6/html/functions-json.html

リスト8.1 JSONデータ型を駆使した設計

```
CREATE TABLE users(
    id serial primary key,
    properties jsonb not null
);
INSERT INTO users(properties) VALUES ('
{
    "名前": "曽根 壮大",
    "住所": [
        {
            "都道府県": "広島県",
            "市町村": "福山市御幸町",
            "郵便番号": "720-0002"
        },
        {
            "都道府県": "東京都",
            "区市町村": "杉並区"
        }
    ], "電話番号": [
        {
            "type": "携帯番号",
            "number": "819012345678"
        }
    ]
}');
INSERT INTO users(properties) VALUES ('
{
  "名前": "Soudai Sone",
  "電話番号": [
        {
            "type": "携帯番号",
            "number": 81912345678
        }
  ]
}');
INSERT INTO users(properties) VALUES ('
{ "名前": "そね　たけとも" }');
```

運用者Sさん：Aさん、同じ電話番号の人を抽出したいんだけどどうすればいい？

開発者Aさん：えーと……、ちょっと待ってくれる？　SQL調べてくるから。

運用者Sさん：え、また？　最近多くない？　昔はそんなことな

第8章 JSONの甘い罠

かったのに。
開発者Aさん：このDBはJSONデータ型を使っててさ……、MySQLとPostgreSQLでも違うし、普段SQLで問い合わせしないからスッとSQLが書けないんだよね……。
運用者Sさん：それじゃあ、「曽根」さんの住所を変更したいんだけど、すぐにできる？
開発者Aさん：あー、それもすぐには難しいね。たしか本番はPostgreSQL 9.3だったよね？　部分更新がないから。
運用者Sさん：それ、本当に設計として良かったの？
開発者Aさん：開発工数は下がった、と思うよ。

何が問題か

　今回のアンチパターンは、すべての値をJSONとして保存したことです。確かにJSONデータ型を使えば、スキーマレスで変化に柔軟な設計ができます。しかしそれによって、検索の複雑性が上がったり、更新のコストが上がったりします。たとえば、運用者Sさんが求めたような「同じ電話番号の人を抽出する」クエリは、図8.1のようなSQLになります。

図8.1 JSONデータ型に対しての検索

```
demo=# SELECT
  u1.id AS users1,
  u2.id AS users2,
  u1.properties ->> '名前' AS "p1 name",
  u2.properties ->> '名前' AS "p2 name",
  phone1 ->> 'type' AS "type",
  phone1 ->> 'number' AS "number"
FROM users AS u1
  INNER JOIN users AS u2
    ON (u1.id > u2.id)
  CROSS JOIN LATERAL jsonb_array_elements(u1.properties -> '電話番号') phone1
  INNER JOIN LATERAL jsonb_array_elements(u2.properties -> '電話番号') phone2
    ON (
       phone1->'type' = phone2->'type'
       AND phone1->'number' = phone2->'number'
    );
 users1 | users2 |   p1 name   | p2 name |   type   |   number
--------+--------+-------------+---------+----------+--------------
      2 |      1 | Soudai Sone | 曽根 壮大 | 携帯番号 | 819012345678
(1 row)
```

このSQLはおもに3つの機能を使って目的を達成しています。

1つめはJOINです。JOINは第3章でもお話したとおりRDBMSの一般的な機能で、今回CROSS JOINとINNER JOINを使っていますが、ここでは後述するLATERAL句との合わせ技です。MySQLの人には一見しても挙動がイメージしずらく、しかもパフォーマンスにも課題のあるクエリとなっています。

2つめはJSONをサポートする関数や演算子です。jsonb_array_elementsや->>などはPostgreSQL独自のため、多くのユーザは知らないでしょう。これらがネストを深くし、可読性の高いクエリからはほど遠くなっています。

3つめはLATERAL句[注2]です。この句はSQL標準で規定されており、PostgreSQL以外のRDBMSでもLATERAL句、もしくはAPPLY句とし

注2) URL https://www.postgresql.jp/document/9.6/html/queries-table-expressions.html#QUERIES-LATERAL
URL https://lets.postgresql.jp/documents/technical/lateral/1

てサポートされており、MySQLでも8.0.14以降で利用できます。LATERAL句は単体の関数やサブクエリを修飾する形で使われます。付与されたサブクエリなどはほかのFROM句の評価の後に評価されます。そのため、ほかのサブクエリの結果をサブクエリの中から参照できます。今回はLATERAL句で、

```
INNER JOIN users AS u2 ON (u1.id > u2.id)
```

の後に評価された関数の結果をJOINしています。

　改めて、このクエリを見てみなさんどのように思いましたか？LATERAL句やJSONのサポートがなく、TEXT型に生のJSONを入れた場合は、この比ではない難易度になります。ただそれでも、十分に難しいSQLと言えるのではないでしょうか。パフォーマンスで言えば、正しく正規化をしていればINDEXを利用できる場合もあります。

8.2 「なんでもJSON」の危険性

JSONデータ型は多くの可能性を秘めていますが、このほかにも次のような問題をはらんでおり、むやみやたらに使うべきではありません。

ORMが使えない

多くのORM（Object-relational mapping）はJSONデータ型をサポートしていません。またそもそも、JSONを取り出すためのSQLを表現することがたいへん難しいです。そのためJSONデータ型に頼ったDB設計をしてしまうと、一時的に開発工数を下げることができたとしても、将来的には開発工数が激増することが多々あります。ですからJSONデータ型を取り出す方法、保存する方法との相性についても検討することが必要です。

データの整合性が保てない

JSONデータ型はEAVの代替案でありながら、次に挙げるEAVと同じような問題があります。

■必須属性の指定が難しい

たとえば名前を必須属性にしたい場合、PostgreSQLの場合はCHECK制約を利用してJSONのKeyを指定できます。ただ指定できるのは既知の情報だけですので、たとえば電話番号も必須属性にしたい場合はALTERが必要になります。これならば、DBにカラムを増やすほうがシンプルだと思いませんか？

第8章 JSONの甘い罠

■データの中身を指定できない

日付としてyyyy/mm/ddとyyyy-mm-ddのように、フォーマットが違うデータが生まれる可能性があります。さらにPostgreSQLのJSONデータ型のうち、「jsonb型」[注3]の->を利用している場合、演算子の返却型はJSONオブジェクトですので、"12345678"（文字列）と12345678（数値）は別物として扱われ、型違いでerrorになります。

しかもJSONは値の型を指定できないため、こういった型の違いを制限できません。ですから実は、図8.1には"819012345678"と819012345678を比較しないというバグが潜んでいます。そのためJSONの値を文字列として扱う->>という演算子を使って、図8.1の白枠部分を、次のように文字列に統一する記述に修正する必要があります。

```
ON (
    phone1->'type' = phone2->'type'
    AND phone1->>'number' = phone2->>'number'
);
```

このように、データ型によって本来は守られていたことが失われてしまいます。

■参照整合性制約を強制できない

JSONの中身はユニークではないですし、正規化されていないため、外部キー制約を使うことができません。たとえば"都道府県"というKeyに対して、東京都と東京の両方が保存される可能性があります。さらに、値と同じようにKey名も表記揺れの影響を受けます。

注3) JSON形式でバイナリデータを格納するデータ型。

8.3 「アンチパターンを生まないためには？」

ここまで説明してきたように、EAVと同じく汎用性を高められる反面、RDBが持っている多くのメリットを失い、RDBの本来の責務であるデータを守ることが難しくなります。JSONデータ型は銀の弾丸ではないのです。ただ、場合によっては大きな武器にもなります。

JSONデータ型のメリット

どのような場合に使うのが良いのでしょうか。そこでまず、JSONデータ型のメリットを挙げたいと思います。

(1) JSONそのものに対応している
(2) スキーマレスに値を保存できる

(1) により、カラムの値が本来JSONであるべきもののとき、パースすることなく対応できます。たとえば「Web APIの戻り値」「PHPのComposer（設定ファイルがJSON）」といった値は、JSONで扱うことが多いのではないでしょうか。

これらのような値はもちろん、正規化してそれぞれの値として保存することもありますが、そのまま扱うことで便利になるケースが多々あります。この場合は、カラムの属性自体がJSONである必要があるので、何も問題ありません。

(2) はRDBではできない設計のため、実務でJSONデータ型やEAVが必要とされる背景となっています。ですが、この条件が本当に必要なら、そもそもRDBMS以外の選択肢も検討する必要があります。確かにJSONデータ型でスキーマレスな設計は可能ですが、パフォーマンスやスケーリングに課題が残ります。そこを無視できるデータサイズの場合

は問題ありませんが、そうでないなら慎重に判断しましょう。

JSONデータ型を使うユースケース

筆者が実際に使った設計を紹介します。

■Web APIの戻り値

TwitterのWeb APIと連携するため、図8.2のように、メインで使うテーブル（twitter_account）とサブのテーブル（twitter_account_detail）を分けつつ、履歴も残す設計を行いました。

図8.2 TwitterのWeb APIと連携

twitter_account

id	screen_name	token	account
1	そーだい	hogefuga	soudai1025
2	たけとも	Hogehoge	taketomo1025
:	:		

twitter_account_detail　　　　　　　　　　　JSONデータ型

twitter_account_id	settings	created_at
1	{protected:false,screen_name:そーだい, …}	2017-10-16 1:51:00
1	{protected:false,screen_name:曽根, …}	2017-10-17 13:41:00
1	{protected:false,screen_name:そーだい, …}	2017-10-17 15:11:00
2	{protected:false,screen_name:たけとも, …}	2017-10-17 1:51:00
:	:	:

このようにしたのには次の2つの意味があります。

- Twitter側は予告なくAPIを変更するので、戻り値がErrorにならずに保存されているときも対応できるように保存
- 必要なデータは正規化してその他が含まれるJSONは別テーブルに分けることで、パフォーマンスを向上させつつ、必要なデータが取得できなくなったときにはErrorで気づける

8.3 アンチパターンを生まないためには？

　APIの残りの部分を捨てずに本来のJSONデータ型で保存することで、Twitter側の仕様変更にも柔軟に対応できます（もちろん、これとは別にリリースノートなどをチェックすることも大切です）。

■OS情報

　OS情報の値自体はJSONではないのですが、スキーマレスに使うために図8.3のような設計で実施しました。

図8.3 OSの情報の保存

hosts

host_id	host_name	ip	OS	detail (JSONデータ型)
1	Host1	192.168.0.1	CentOS 6	{…}
2	Host2	192.168.0.2	CentOS 6	{…}
3	Host3	192.168.0.3	Ubuntu 14.04	{…}
4	Host4	192.168.0.4	CentOS 7	{…}
:	:	:		

　OS情報にはディストリビューションによって固有のものがあり、detailカラムをJSONにすることでディストリビューションごとの違いを吸収する設計にしています。リレーショナルデータモデルで設計するのであれば、「OSテーブル」に紐づく「ディストリビューションテーブル」をそれぞれに作ることが正しい設計でしょう。しかしこの場合は、次のような案件だったためJSONデータ型を採用しました。

- レコード数が少なく、数千程度だった
- 一度保存したレコードに対してUPDATEすることはほとんどない
- 取り出すときはJSONをまるごと取得

　ただ図8.3の場合、「JSONのKeyに対して検索したい」「JSONの特定の値を更新したい」「JSONの中の値に制約を設けたい」といった操作はアプリの実装が複雑になるので避けるのが良いでしょう。これらの操作が必要な場合、正規化を行って個別にカラムを指定しましょう。

第8章 JSONの甘い罠

■ユーザが任意で登録するプラグインの情報

　自作でCMS（コンテンツ管理システム）を作成した際、プラグインの機構を作る必要がありました。プラグインを登録する際は自由にテーブルを作れる構造にしたのですが、それによって「プラグイン名_setting」のようなテーブルが乱立することになりました。これを防ぐため、次のようなJSONデータ型のカラムを用意しました。

- プラグインで必要な設定値を保存するカラム
- 「プラグインが依存するプラグイン」がある場合の、プラグイン名とバージョンを記載するカラム

　これにより、不必要なテーブルは減り、依存関係を明示することで類似のテーブルを親プラグインにまとめられました。とくに設定値を保存するカラムには作成者が任意の値を設定したいため、スキーマレスである必要がありました。JSONデータ型はEAVと違い、1プラグイン・1レコードであれば良いため、複数の設定値が登録されてもパフォーマンス的に有利というメリットもありました。またそのほかにも、

- データが十分に小さいシステムである
- このシステム自体が開発途上でまだまだ変更が入る予定がある

といった理由がありました。とくに後者の理由から、積極的に正規化するコストよりも、まずプロトタイプとしてリリースしながら修正できるようになることを優先してJSONデータ型を採用しました。また、使用したWebアプリケーションフレームワークがLaravelで、それに付属するORMのEloquentがJSONデータ型に対応しているのも、大きな採用の理由です。この設計は筆者の中でも非常にうまくいった例の1つです。

8.4 アンチパターンのポイント

このようにJSONデータ型は、EAVの代替案として機能が豊富で非常に優秀である反面、EAVと同じような問題を解決できていません。では、EAVからJSONデータ型に置き換えるときは、どのような点に気を付ければいいのでしょうか。次の点が重要と言えるでしょう、

- 正規化することはできないか
- JSONに対して頻繁に更新を行いたいか
- 検索条件としてJSON内の属性が固定できない場合

1つでも該当する場合はJSONデータ型を採用すべきではありません。多くのケースがこれらに該当するので、多くの場合はJSONデータ型を採用すべきではありません。JSONデータ型はRDBMSの機能と引き換えに柔軟性を与える、本当に最後の切り札なのです。

JSONはEAVに対する新しい解でもある反面、まだまだ扱いが難しいのが現状です。使い方を間違えると痛い目を見るアンチパターンですので、これから採用を検討される場合はよく考えて利用しましょう。

第8章 JSONの甘い罠

Column JSONデータ型のほかの使い道

　JSONデータ型には、保存する以外の使い方があります。たとえば図8.4の、「①レコード→JSON」と「②JSON→レコード」のパターンです。ここではデータを活用する段階で、JSONデータ型を利用しています。

　①のメリットはアプリ側でループを回すことなく、1レコードとしてテーブルの情報を取り出せることです。たとえば例のように、中国地方の店舗を県別で表示したい場合、各県ごとになったレコードを順に利用すれば良いのでシンプルになります。②のメリットはアプリケーション側から渡されたJSONを、ストアドプロシジャなどを用意しなくても適切に扱えるようになることです。これにより、アプリ側でparseしなかった情報でも適切に分割できます。

　とくに①の使い方は、適切に活用すれば実務でもパフォーマンスを向上させられる場面が多くありますし、アプリ側のロジックを簡略化させる効果もあります。機会があればぜひ、利用を検討してみてください。JSONデータ型は薬にも毒にもなることを体験できるでしょう。

図8.4 レコード→JSONとJSON→レコード

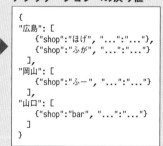

①アプリに渡すときにRDBのレコードの形をJSONに

②アプリから渡ってきたJSONを、JSONデータ型を利用してSQLでparseしてレコードの形に

第 9 章

▶ 強過ぎる制約

9.1 アンチパターンの解説
9.2 似たようなアンチパターン
9.3 アンチパターンを生まないためには？
9.4 アンチパターンのポイント
Column PostgreSQLの遅延制約

第9章 強過ぎる制約

9.1 アンチパターンの解説

RDBMSを使う理由はACID[注1]を担保すること、つまり制約が大きなメリットと言えます。しかし制約にこだわり過ぎると、時に毒となることがあります。本書でも、制約の大切さを繰り返し説いてきましたが、本章では使い過ぎは毒になるという視点で制約のデメリットについて説明します。

事の始まり

メールアドレスを管理するテーブルに、不具合を見つける開発者たち。

開発者A：あれ、アプリからメールアドレス登録がうまくいかないぞ……。
開発者B：直接SQLで試したら？

SQLを手打ちして、アドレスをデータベースに直接入れてみるAさん。しかし「test.@example.com」を入れようとすると、エラーに（図9.1）。

図9.1「test@example.com」は入るが、「test.@example.com」はエラーに

```
demo=# INSERT INTO emails (email_address) VALUES ('test@example.com');
INSERT 0 1
demo=# INSERT INTO emails (email_address) VALUES ('test.@example.com');
ERROR:  value for domain email_address violates check constraint
"email_address_check"
```

注1) URL https://ja.wikipedia.org/wiki/ACID_(コンピュータ科学)

テーブルのスキーマを確認してみると……（図9.2）。

図9.2 \dコマンドでemailsテーブルのスキーマを確認

```
demo=# \d emails
                           テーブル "public.emails"
       列      |     型      |                  修飾語
---------------+-------------+------------------------------------------------
 id            | integer     | not null default nextval('emails_id_seq'::regclass)
 email_address | email_address |
```

開発者A：なんだこれ？　email_address型？　そんなのPostgreSQLにあったかな？
開発者B：あー、これは型に独自の制約を付与するDOMAIN[注2]って機能だな。
開発者A：じゃあtest.@example.comってどうやって入れるの？
開発者B：入れられないね……。
開発者A：……。

何が問題か

今回のアンチパターンは、過剰な制約の利用によって柔軟性を失ったことです。

制約はデータやその構造を守ってくれる大切な機能です。しかし、早い段階での制約による最適化——早過ぎる最適化[注3]——は、仕様変更時に大きな壁となります。たとえば今回の例ですと、email_address型は確かに、RFCに準拠しない不正なメールアドレスのデータを、RDBMSの機能で防いでくれます。しかし残念ながら、世の中にはRFCに準拠していないメールアドレスも存在します。そのようなデータも登録せざる

注2）　URL https://www.postgresql.jp/document/current/html/sql-createdomain.html
注3）　ドナルド・クヌースが述べた格言「早過ぎる最適化は諸悪の根源である」より。DRY（Don't repeat yourself）やKISS（Keep it short and simple）の原則などと同様に、アーキテクチャやプログラミングをするうえで大切な考え方の1つである。URL https://ja.wikipedia.org/wiki/UNIX哲学

を得ないとき、どうすれば良いでしょうか？

リファクタリングの例

今回の例では図9.3のように、ALTER文でデータ型を変更する必要があります。

図9.3 email_addressカラムをemail_address型からtext型に

```
demo=# \d emails
                      テーブル   "public.emails"
     列         |       型        |                  修飾語
----------------+-----------------+-----------------------------------------------------
 id             | integer         | not null default nextval('emails_id_seq'::regclass)
 email_address  | email_address   |

demo=# ALTER TABLE emails ALTER COLUMN email_address TYPE text;
ALTER TABLE
demo=# \d emails
                      テーブル   "public.emails"
     列         |       型    |                  修飾語
----------------+-------------+-----------------------------------------------------
 id             | integer     | not null default nextval('emails_id_seq'::regclass)
 email_address  | text        |
```

ALTER文による型変換は、一番強いロックであるACCESS EXCLUSIVEを取るので、もしこのemail_addressにINDEXが貼られている場合は再構築が実行されます。そのとき、たとえば対象が1億レコード以上のusersテーブルだった場合はどうなるでしょう？ ロックがかかり数時間、参照も更新もできません。そのため、ログインすらもできないシステムとなり、長期メンテナンスとなるでしょう。

このように、制約はとても大切な機能ですが、やり過ぎは毒にもなります。

9.2 似たようなアンチパターン

以降では類似の例として、ENUMをはじめとする制約が、パフォーマンスや仕様変更のボトルネックになる例を取り上げていきます。

外部キー制約が生み出すデッドロック

MySQLの外部キー制約（FOREIGN KEY）が嫌われる大きな理由の1つに、外部キー制約の子テーブルを更新すると、親テーブルの共有ロックを自動的に取ることが挙げられます。図9.4の手順で再現してみます。

図9.4 MySQLの外部キー制約による、デッドロックの発生

```
-- 【準備】childテーブルのidカラムに、parentのidカラムを使った外部キー制約をかける
mysql> CREATE TABLE child (id int, pid int, primary key (id, pid))engine=innodb;
mysql> CREATE TABLE parent (id int, count int, primary key (id))engine=innodb;
mysql> INSERT INTO parent VALUES (1, 0);
mysql> ALTER TABLE child ADD FOREIGN KEY (id) REFERENCES parent (id);

-- 【トランザクションA】childテーブルにデータ挿入
mysql> begin;
mysql> INSERT INTO child VALUES (1, 1);
Query OK, 1 row affected (0.00 sec)

-- 【トランザクションB】childテーブルにデータ挿入
mysql> begin;
mysql> INSERT INTO  child values (1, 2);
Query OK, 1 row affected (0.00 sec)

-- 【トランザクションA】parentテーブルを更新
mysql> UPDATE parent SET count = count + 1 WHERE id = 1;
-- 待たされます(PostgreSQLの場合は実行されます)

-- 【トランザクションB】parentテーブルを更新しようとするが、デッドロックに
mysql> UPDATE parent SET count = count + 1 WHERE id = 1;
ERROR 1213 (40001): Deadlock found when trying to get lock; try restarting transaction
```

このようにMySQLは、外部キー制約の子を更新しても親テーブルに共有ロックを取るため、デッドロックの温床になります。この問題への正しい対応は排他ロックを取ることですが、排他ロックは正しく順番を待たせるため、たびたびパフォーマンスのボトルネックになります。

MySQLではさらに、ギャップロック[注4]という仕様と相まって、アプリケーションが正しく更新していない場合にデッドロックを頻発することがあり、外部キー制約が嫌われる傾向を助長しています。

これら問題はMySQL特有で、アプリ側が正しく正規化していないことが根本原因ですが、失敗した正規化と合わせ技になることで、時に大きな問題を生み出します。普段MySQLを使っている方は要注意です。

DOMAINに似たENUM型

書籍『SQLアンチパターン』にも「31 Flavors」として紹介されているアンチパターンです。MySQLには前述のDOMAIN機能はありませんが、列に入る値を指定できる型「ENUM型」を定義できます。

たとえば図9.5のような例があります。

図9.5 genderカラムをENUM('Male','Female')で定義。manを入れるとエラーに

```
mysql> CREATE TABLE users(gender ENUM('Male','Female'));
mysql> INSERT INTO user VALUES ('man');
ERROR 1265 (01000): Data truncated for column 'gender' at row 1
mysql> INSERT INTO user VALUES ('Male');
Query OK, 1 row affected (0.01 sec)
```

一見するとこれは良い例のように見えます。もちろんENUM型としては限りなく正しい例です。でも思い出してください、どこかで見たような話をしませんでしたか？ そうです。DOMAINによるメールアドレスの制約は、この仕様の延長なのです。

注4) URL https://dev.mysql.com/doc/refman/5.6/ja/innodb-record-level-locks.html
URL http://blog.kamipo.net/entry/2013/12/03/235900

普遍的な値にENUMを使うことは、表記揺れを防ぐ強い制約になります。しかしDOMAINの例と同様に、データ型の変更にはALTER文が必要で、仕様変更にはとても弱く、また制約されている文字列を知る方法が限られています。

状態を持つCHECK制約

強過ぎる制約の、別のパターンを見てみましょう。

最初の例にあったemailsテーブルに更新日を追加します。その際リスト9.1のように、CHECK制約と併せてupdated_atカラムを追加します。

リスト9.1 emailsテーブルにupdated_atカラムを追加

```
ALTER TABLE emails ADD COLUMN updated_at timestamp without time zone CHECK (updated_at >= now());
```

このCHECK制約は、次のようになっています。

```
updated_at >= now()（現在の日付・時刻以後）
```

一見、システムの要件としては正しいように見えます。実際に通常のアプリ開発でも正しく機能することでしょう。では、どんなときに問題になるでしょうか？　多くの人がつまずくであろうケースは2つです。

1つめはテスト用のデータを作るときです。テスト用のデータは常に「updated_atが最新の日付・時刻のもの」になってしまいます。そのため、updated_atを利用したWHERE句のテストなどに使うテストデータを定期的に作りなおす、といったことが難しくなります。

2つめは論理バックアップからデータをリストアするときでしょう。もともと入っていたデータは更新日が当然過去の状態でdumpされます。そのためINSERTは失敗します。バックアップからデータを戻すときは、多くの場合緊急対応中ですので、焦っていることでしょう。理由がわからず、あたふたする現場の様子が目に浮かびます……。このように一つの視点から見ると正しい制約も、別の視点から見ると大きな弊害になりえます。

9.3 「アンチパターンを生まないためには？」

今回のアンチパターンのポイントは過剰に制約をかけたことです。

制約と規約

　RDBMSの機能によっては、データを守る制約に対して、アプリケーション側でデータを担保する方法もあります。たとえばバリデーションであったり、フレームワーク側の機能だったりしますが、これを本書では「規約」と表現します。

　規約でデータを守ることも、理論上はもちろん可能です。しかし、規約はアプリケーションのバグとヒューマンエラーに弱いという欠点があります。そこを補うのが、RDBMSの制約なのです。制約と規約は相反するものではなく、両方使うことが大切です。

　たとえばバリデーションでデータを守っていても、不正なデータがアプリケーション側のバグでチェックされないかもしれません。その場合でも、制約を正しく設定しておけば、不正なデータを防ぐことができます。逆に、ビジネスロジックに伴うデータの制限を、制約ではなく規約で持たすことで、変更の際はアプリケーション側の修正のみで対応できます。

　アプリケーションとRDBMSでは、アプリケーション側のほうがデプロイも含め、変更が容易なケースが大半です。そのため今回の例のような強過ぎる制約は、アプリケーション側で規約として持たせるのも1つの手です[注5]。

注5）制約と規約については「強過ぎる依存」としてまとめた筆者のブログ記事があります（この記事では、規約を制約（ルール）と誓約（マナー）と表現しています。URL http://soudai1025.blogspot.jp/2016/11/rdbantipattern1.html

制約は敵か

章冒頭で挙げた例のほかにも、やり過ぎたCHECK制約や正規化、トリガーやストアドなど、設計初期から作り込み過ぎるDB設計は同じような問題を孕んでいます。アプリケーションの早過ぎる最適化と同様に、これらRDBMSの機能に寄せた早過ぎる最適化は、大きな問題を生みます。

確かに、RDBMSがデータを守る最後の砦であることに間違いはありません。しかし、データは"成長する生き物"ですので、変化に対応しなければいけません。そこで制約が足かせになることは、本末転倒です。

では、制約は使わないほうが良いのでしょうか？ ここまで本書を読んだみなさんなら、それが大きな間違いであることはおわかりかと思います。何度も繰り返しますが、大切なのはバランス感覚であり、RDBMSの責務とアプリケーションの責務を正しく把握することです。

制約の段階

もし制約に段階を付けるとするならば、**表9.1**のようになるでしょう。

表9.1 制約の段階

段階	説明
制約なし	文字どおり制約が存在せず、型自体が規定する値域であれば、何でも自由にデータが入れられる状態
弱い制約	NOT NULL制約、UNIQUE制約、外部キー制約など、データの構造を守るうえで必要最低限の制約がかかった状態
強い制約	CHECK制約やEXCLUDE制約など、RDBMSの機能に依存するが、適切に使うことでデータを的確に守ることができる制約がかかった状態。制約の内容は一般的な事実の範囲に収まり、また守るべきデッドラインが明確になっていること（たとえば都道府県は47個しかないこと、消費税は3以上の整数であることなど）
強過ぎる制約	制約の内容が「システムの仕様」や「ビジネス・ルール」に基づいて記述される状態（たとえばメールアドレスで特定のドメインは登録できないなど）

第9章 強過ぎる制約

　表中の「強過ぎる制約」になっていないか？ということを考えるときは、事実に基づいた範囲に収まっているかどうかが大切です。データベースの設計にビジネスロジックやシステムの仕様を混ぜると、アプリケーション改修の際にデータベース側へ影響が出てきます。ですので、自分が付けている制約の強弱は必ず意識するようにしましょう。

　また、今回の例のENUMや外部キー制約のデッドロックの問題は、関連するテーブルを追加して責務を分割することで代替でき、問題を回避できます。

　多くのシステムは適切な正規化と弱い制約で十分に設計できます。絶対に守る必要があるデータに対してのみ強い制約を指定することで、より良いDB設計を作ることができるのです。この匙加減を間違えると、制約を極端に避けたり、逆に制約に依存して強過ぎる制約を作ったりしてしまいます。

9.4 アンチパターンのポイント

データベースはあくまでデータストアの1つであり、だからこそデータを正しく扱うことができます。この「正しく扱うこと」のためにあるのが制約です。みなさんもぜひ一度、制約についてよく考えてみてください。あなたの現場の制約はどの状態ですか？

強過ぎる制約はRDBMS特有の問題であり、しかし安易に避けるとより悩ましい問題を生み出します。この制約のバランス感覚を身に付けるためには、正しく設計・運用する経験の積み重ねが一番の特効薬です。そのため妥協することなく、RDBMSと向き合うことが大切です。

Column PostgreSQLの遅延制約

たとえばテストデータの投入や削除、メンテナンスなどの際、外部キー制約によって作業が煩雑になることがあります。もちろんそれは、データの不整合を防いでくれている以上、正しい挙動です。ですが「少しだけ楽をするため」の方法として、PostgreSQLには外部キー制約を遅延して評価させるしくみがあります。

これはトランザクション中であれば整合性を無視し、COMMIT時に整合性を評価してくれるというものです。やり方は、トランザクション中に次のとおり、SET CONSTRAINTSコマンドを利用します。

```
-- 外部キーチェックしない
postgres=# SET CONSTRAINTS ALL DEFERRED;

-- 外部キーチェックする
postgres=# SET CONSTRAINTS ALL IMMEDIATE;
```

SET CONSTRAINTS ALL DEFERREDによってDEFERREDモード

に切り替えても、最終的にデータが正しければCOMMITが通るので、順序を気にせずデータを編集できます。

　ただし利用には注意点があります。それは、制約作成時に、遅延評価できる制約として宣言する必要があることです。

　　(1) DEFERRABLE INITIALLY DEFERRED
　　(2) DEFERRABLE INITIALLY IMMEDIATE
　　(3) NOT DEFERRABLE

　宣言しなかった場合のデフォルトは、(3)になります。この設定では常にIMMEDIATEモードとなり、SET CONSTRAINTSコマンドの影響を受けません。

　(1)はトランザクション開始時に最初からDEFERREDモードとなり、(2)はIMMEDIATEモードのままですが、両方とも、トランザクション内でSET CONSTRAINTSを使用すると振る舞いを変更できます。そのため遅延制約を利用する場合は、対象の制約に対して(1)(2)のどちらかをあらかじめ指定しておく必要があります。

　また、これら遅延評価が対応している制約は「UNIQUE制約」「PRIMARY KEY制約」「REFERENCES（外部キー）制約」「EXCLUDE制約」の4つで、NOT NULL制約およびCHECK制約では使うことができません。

　このように遅延制約を知っていると選択肢が広がります。しかしいきなり既存の環境で使おうと思っても、多くの場合はデフォルトのNOT DEFERRABLEが指定されていることでしょう。ですから、制約を貼る前から計画的に設計しましょう。

　またMySQLでも、外部キー制約のみの話ですが、次のようにすることでそのトランザクション中は外部キー制約を無視できます。

```
SET FOREIGN_KEY_CHECKS=0;
```

第 **10** 章

転んだ後の
バックアップ

- 10.1 アンチパターンの解説
- 10.2 3つのバックアップ
- 10.3 バックアップ戦略
- 10.4 アンチパターンを生まないためには？
- 10.5 アンチパターンのポイント

第10章 転んだ後のバックアップ

10.1 アンチパターンの解説

　システムを運用するうえでは、頻度や内容に差はあれど、バックアップを必ず実施しなければなりません。昨今のRDBMSにはバックアップのためのしくみが多くあり、またサードパーティツールなども使うと簡単に行うことができます。しかし、みなさんのバックアップは正しく運用できていますか？　本章ではそんなバックアップの間違った運用方法についてお話します。

事の始まり

　データベースのバックアップを適当に済ましてしまった開発者だったが……。

開発者：バックアップなんて、mysqldumpして保存しときゃ良いだろ。よし、ちゃんとSQLでdumpできてるな。cronに仕込んでおしまいっと。
　——3年後——
新人運用者：すみません、UPDATEにWHERE句付けずに更新しちゃいました……。
熟練運用者：済んだものはしかたがない。反省は後にしてまずは復旧しよう。私が対応するから関係者に連絡して。さてと、まずはバックアップを見てっと。ここだな。あれ、20KBしかデータがない……。意外とデータが少なさそうだな。復旧用のDBを作ってdump.sqlを実行っと。

```
# mysql -u root データベース名 < dump.sql
-- Error
```

熟練運用者：なん……だと？

```
# cat dump.sql
Error message
```

熟練運用者：なんてことだ。残ってる1ヵ月分のバックアップ、全部これだ。今日は長い夜になりそうだ……。

何が問題か

　今回のアンチパターンでは、バックアップの運用設計に大きな問題があります。まずはRDBMSにおけるバックアップの基本について見ていきましょう。

10.2 3つのバックアップ

バックアップには大きく分けて、「論理バックアップ」「物理バックアップ」「ポイントインタイムリカバリ（以下PITR）」の3種類があります。それぞれのバックアップについて解説します。

論理バックアップ

論理バックアップは、SQLやCSVとして、DBそのものを再構成できるようにバックアップを取ることです。MySQLの場合はmysqldump、PostgreSQLの場合はpg_dumpというコマンドで行うことができます。

論理バックアップの実体はテキストですから、中身を見ることもできます。場合によっては編集することもできます。SQLとしてバックアップした場合は、DDLをGitHubなどで世代管理できるといったメリットもあります。そのほか、異なるRDBMSやバージョン違いにも対応できるという、移植性の高さも特徴です。多くの場合オンラインで行えるうえにお手軽なため、多くの現場で使われているのではないでしょうか。

筆者も、サービスの初期やデータサイズが大きくない場合などは、論理バックアップを利用しています。

デメリットは、ファイルサイズが大きくなりやすいこと、バックアップとリストアともに時間が長くなりやすいことです。またバックアップした時点にしか戻せないため、バックアップ後に更新されたデータの復旧は、論理バックアップのみでは行えません。

物理バックアップ

物理バックアップは、データベースの物理ファイルをまるごとバックアップする手法です。たとえば、OSコマンドのcpやrsyncなどを使った

り、専用ツールを使ったりして行います。

メリットは、最小限のサイズで取得でき、バックアップとリストアの時間が短いことです。またリストアを行うときの復旧方法も、「バックアップファイルから再配置して再起動」のようなシンプルな手順のものが多いため、運用がしやすいことも特徴です。

ただし、シンプルにデータファイルをコピーする場合は、データベースの停止が必要になります。無停止で行いたい場合は専用ツールを使う必要があります。このほかにも、フルバックアップ、差分バックアップ、増分バックアップなどを行えるツールもあります。

デメリットとしては、論理バックアップのような移植性の高さはなく、バージョン違いでは互換性がないことが多い点です。また論理バックアップ同様に、バックアップした時点までしかリストアすることができません。

PITR

PITRは、特定の日時の状態にデータをリストアできる手法のことを指します。たとえば「2017/11/26 03:43」に障害が発生した場合に、直前の「2017/11/26 03:42」の状態にリストアすることができます。

PITRを行うためには、バックアップファイルと更新情報の入ったログが必要です。この更新情報の入ったログをMySQLではバイナリログ、PostgreSQLではアーカイブログと言います。

ログとバックアップファイルの両方の保存が必要なため、バックアップのサイズは大きくなりますし、復旧の手順は、既出の2つに比べて難しくなります。

特徴については以上のとおりですが、まとめると**表10.1**のようになります。

表10.1 3つのバックアップ手法

項目／手法	論理バックアップ	物理バックアップ	PITR
バックアップサイズ	中	小	大+α
バックアップ時間	中	中	中〜大
リストア時間	大	小	中
運用コスト	小	中	中〜大
復旧時点	バックアップ開始時点	バックアップ開始時点	バックアップ終了直後から最新状態の間の任意の時点

バックアップの設計

　ここまで説明してきたバックアップ手法ではいずれも、次のRPO（Recovery Point Objective）／RTO（Recovery Time Objective）／RLO（Recovery Level Objective）について考える必要があります。

■RPO：復旧できるデータ

　「障害が発生したときに、いつの時点のデータを復旧するか」の指針であり、バックアップを取る頻度の目安にもなります。

　1日1回しか更新されないDBであれば、1回の更新後に物理バックアップをとれば問題ないでしょう。復旧の際は、物理バックアップから想定どおりにリストアすることができます。つまり、更新のタイミングで常にフルバックアップを取ることができていれば、常に任意の状態に戻せるとも言えます。

　任意の状態へ戻すためには、フルバックアップとそれ以降の更新履歴が入っているトランザクションログをすべて保持しておき、PITRで復旧します。

■RTO：復旧までにかかる時間

　「障害が発生してから目標の状態へ復旧するまでの時間」の指針です。

　たとえば、データは多少失っても良く、1日1回の物理バックアップの

状態に戻すのが目標ならば、「物理バックアップを使ってDBが復旧するまでの時間」がRTOとなります。

障害発生直前まで戻したい場合はPITRになるでしょうから、フルバックアップからトランザクションログを任意の個所まで反映完了するまでの時間になります。

1時間以内に復旧しなければ業務に問題が発生するという現場では、迅速に復旧する必要があるでしょう。また、日曜日しか営業日がないのであれば、平日の障害はゆっくり対応できるでしょう。このようにRTOを短くするための手法として、ホットスタンバイの用意や冗長化が行われます。

■RLO：復旧したいデータ

「障害が発生した場合に、実際にどこまで復旧させるか」の指針です。

たとえば、当日の登録データは手元にあるので朝時点まで戻せれば良い、というパターンもあるでしょう。逆に直前まで戻さなければデータが失われてしまうパターンも当然あります。理想はもちろん、直前の時間まですばやく戻せることですが、すべての業務において必要という訳ではないでしょう。

以上をまとめると**表10.2**のようになります。

表10.2 3つのバックアップにおける3つの指針

用語	意味
RPO	いつ時点のデータを復旧するか（目標復旧時点）
RTO	どれくらいの時間で復旧できるか（目標復旧時間）
RLO	どこまで復旧するか（目標復旧レベル）

稼働率とバックアップ

RTOとRLOによって、バックアップの設計が決まります。その際の

第10章 転んだ後のバックアップ

判断基準となるのが、DBを利用するシステム・サービスの「稼働率」です。稼働率とバックアップ設計の大まかな指標は**表10.3**のとおりです。

表10.3 稼働率とバックアップ設計の指標

稼働率	年間停止時間	難易度
90%	36.5日	バックアップとリストアで十分
99%	3.65日	オンプレミス環境なら予備マシンが必要。大規模データならリストア所要時間を把握しておく必要がある
99.9%	8.7時間	法定停電への対応や24時間365日サポートなど、システム外のしくみ作りも必要
99.99%	52分	バックアップからのリストアだけでは難しい。コールドスタンバイなどが必要
99.999%	5分	遅延レプリケーションなどの専用システムが必要
99.9999%	32秒	無停止サーバなどが必要になってくる。コストは非常に高くなる

バックアップの手法については次の資料がお勧めです。詳しく知りたい方は参照ください。

- MySQL
    - 「MySQLバックアップの基本」[注1]
- PostgreSQL
    - 「PostgreSQLバックアップ＆リカバリ入門」[注2]
    - 「PostgreSQLバックアップ入門」（動画）[注3]

これらをふまえたうえで、バックアップ戦略を考えていきましょう。

注1) URL https://www.slideshare.net/yoyamasaki/mysql-15289428
注2) URL https://www.slideshare.net/satock/osc2013-spring-pg
注3) URL https://www.youtube.com/watch?v=MCgWUyKQ6YM&t=862s

10.3 バックアップ戦略

なぜバックアップが必要か

　バックアップは、今回のような障害が発生した場合には必要となり、実務は運用担当者ならびに設計担当者が行います。ただよく聞くのが、「レプリケーションがあるのでファイルでのバックアップは不要では？」という意見です。結論から言いますが、バックアップは必要です。レプリケーションはあくまで複製です。では何が違うのでしょうか？

　レプリケーションでは、たとえば今回のような、運用者がマスター側のDBで実行した「WHERE句を付け忘れたUPDATE文」には対応できません。バックアップは、レプリケーションでは防げない次のような場面でデータを守ります。

- アプリケーションのバグによるデータ破壊からの復旧
- 不正なデータ投入からの復旧
- ヒューマンエラーからの復旧
- レプリケーション破壊といったシステム破壊からの復旧

　もちろん、遅延レプリケーションによってすばやく復旧できるシステムを構築することは有益です。ですが、レプリケーションとバックアップの目的は別ですので、レプリケーションを行っているシステムでも、正しくバックアップを取る必要があります。

気付かないエラーと戻せないバックアップ

　ここまではバックアップの手法や必要性についてお話しました。しかしながら、多くの方はここまでのことはご存じのことでしょうし、今回

第10章 転んだ後のバックアップ

のアンチパターンの開発者も、それらはもちろん検討したうえで論理バックアップを行っていました。

問題なのは本節の表題にあるとおり、バックアップが失敗していたことを知らなかったこと、それによってバックアップから復旧できなかったことです。

そう、今回のアンチパターンで言いたいことは「バックアップは設定して終わりではない」ということです。日次バックアップをちゃんと事前に確認していれば、このような問題にはなりませんでした。もちろん、バックアップの際にエラーの有無確認をすることも大切です。

このほかにも、日次でバックアップされるサーバのディスクサイズのチェックなども有効です。急激に差分が発生した場合は、多くの場合問題が潜在していますので、いち早く気付くことができますし、バックアップのディスク圧迫にもすばやく気付くことができます。

またバックアップは、システム改修の際には影響範囲の対象外になっていることが大半だと思います。たとえばDBをシャーディングしたり、システムに関わるDBサーバが増えたりした場合に、そのDBのバックアップも併せて変更しているでしょうか？　DBが多くなった場合、DB単位ではなくテーブル単位でバックアップを取ることもよく行われる手法ですが、テーブルを増やした場合に、その対象のテーブルはバックアップされているでしょうか？　単体のアプリケーション基準ではバックアップが成功していたとしても、システム全体としては失敗していることもあるので注意が必要です。

バックアップの落とし穴

ここまで述べてきたように、バックアップで陥りやすい罠はいくつかあります。たとえば次のようなタイミング・状態では、バックアップの運用を見直す必要があります。

- システムに関わるデータベースが増えた

- サーバを入れ替えた
- OSやミドルウェアのバージョンアップ時
- バックアップから復旧したことが一度もない
- 更新情報を持ったログを削除していない

そのほか、言語のバージョンアップのように何気ない仕様変更によって、バックアップがうまく動かなくなることもあります。とくに、別サービスと密接に依存している場合は、対象の範囲は大きくなります。

リストアできないバックアップ

バックアップが正しく保存されていても、正しく戻せることは保証されません。リストアできない理由には、これまで述べたとおりバックアップがシステムを復旧させるために必要な条件に達していない点に加え、「リストアできる人がいない」という点があります。

後者は、たとえば専用ツールを使ってバックアップしていた場合などで、担当者以外そのリストアを誰も行えない状態です。とくにPITRは、行うために事前に検討する項目が多く、「障害時に初めて行う」のは至難の業です。

このような状態は、次のようなシーンで散見されます。

- バックアップ・リストアの手順書がない
- 最初にシステム設計した人がすでにいない
- チームで定期的に訓練をしていない
- システムの面倒を見る作業が属人化している

このような状態は非常にリスクが高いので、一刻も早く脱出するべきです。そのためには、事前に手順書を作るだけではなく、定期的に"素振り"することが非常に大切です。

スポーツやプログラミングと同様、運用スキルも日頃の積み重ねが必

第10章 転んだ後のバックアップ

要なのです！　システム面でのバックアップが正しく行われているかを確認する意味でも、定期的にリストアすることは大切です。

RDB以外の落とし穴

　ここまでRDBMSのバックアップについてお話しましたが、バックアップの対象はもちろんRDBMS以外にもあります。

　たとえばイメージファイルやNoSQLなど、アーキテクチャが複雑になればなるほどバックアップ戦略も難しくなります。

　正常動作のパフォーマンスのために、複数ミドルウェアを運用することは多々あると思いますが、「正しく復旧できるか」も、ミドルウェア導入の検討材料に必ず入れるようにしましょう。サービスを正しく動作させることのほか、正しい状態に戻すことも含めてサービス運用です。

10.4 「アンチパターンを生まないためには？

今回のアンチパターンのポイントは、バックアップとリストアをセットで定期的にチェックしなかったことです。

たとえば2017年、GitLab.comのデータ消失が大きな話題になりました[注4]。ニュースを見たあと、みなさんは自分たちのバックアップを見直しましたか？　他人事ではありません。

バックアップは正しく戻せるところまでがバックアップです。ここまで書いたとおり、次のようなポイントは必ず押さえましょう。

- バックアップが正しく行われていることを毎回確認し、失敗したときに必ず気付けるようにする
- リストアを定期的に行う
- 手順書をまとめる。ベーシックな手順だけではなく、実際のユースケースに則したパターンをいくつか用意すると良い

以降では、筆者が実際に行った効果的な方法をいくつか紹介します。

バックアップとリストアの自動化

定期的にバックアップが正しいこと、リストアが正しく行えることを確認するのには手間がかかります。とくにバックアップは毎日行うところが多いでしょう。そこで筆者は、バックアップした場合、次のような手順で、必ずステージングにリストアするようにしています。

①本番から必要なデータをバックアップ

注4）　URL http://www.publickey1.jp/blog/17/gitlabcom56.html

②バックアップからステージングを生成
③ステージングと本番の差分確認（本番用のシナリオテストを実行）
④ステージングに不必要なデータをDROPしたり変更したりする

シンプルなサービスで、RDBMSの論理バックアップのみでシステムの復旧ができる場合は、バックアップを取得後、コンテナを利用したDBにバックアップをリストアするのも良いでしょう。実際に筆者は、1日1回のフルテストを実行する環境をコンテナで立ち上げ、バックアップから生成したことがあります。

このようにバックアップとリストアを自動化することは、もしものときの大きな事故を事前に防げるのでぜひご検討ください。

チーム内でリストアする機会を定期的に作る

システム障害を想定したロールプレイングを実施するのは有効な方法です。定期的に行うことがベストですが、コストが高いためなかなか難しいのが現状です。

そこで筆者は「本番と同様のステージングを定期的に作りなおす」という方法を取っていました。これをチームメンバーで持ち回りで行うことで、共通の知識にしていくことができます。

一見開発に関係ないように見える作業ですが、これらの作業を行うことでシステムの理解も高まりますし、場合によっては効率化やシステム改善のアイデアが出てくることもあります。最近のクラウド環境では気軽に行うことができると思いますので、こちらもぜひご検討ください。

クラウドサービスの利便性

昨今、AWSをはじめ多くのクラウドサービスがRDBMSのPaaSを用意しています。PaaSのメリットは運用面の抽象化でしょう。

たとえばAmazon RDSを使えば、バックアップとしては1日1回のフル

バックアップと5分おきの更新情報が含まれたログのバックアップが行われています。そのためPITRを非常に簡単に運用することができ、リストアもWeb UIから簡単に実行できます。それ相応に時間がかかるので稼働率との相談は必要ですが、多くの場合には十分でしょう。

このように、クラウドサービスを使うメリットは、構築がお手軽だからというだけではなく、フルマネージドしてもらうことで、運用を正しく維持できることにもあります。

もしクラウドサービスを検討しているときに、上長に「クラウドサービスは心配」と言われて足踏みしているなら、運用面のメリットも併せて提案してみてはいかがでしょうか。

第10章 転んだ後のバックアップ

10.5 アンチパターンのポイント

　今回のRDBアンチパターンはいかがでしたでしょうか？　「転んだ後のバックアップ」はRDBだけではなく、プログラムのソースコードや画像のファイルなどにも言える、汎用的なアンチパターンです。今回の例のように、障害は突然訪れます。自分たちは大丈夫と思っていても、転んだ後ではバックアップは意味がありませんので、定期的にチェックするしくみを作りましょう。またチーム内の複数のメンバーが必ず復旧できるような体制を整えましょう。普段チェックしていない人は、本章を読んだあと必ずチェックしてください。

第11章

見られない
エラーログ

11.1 アンチパターンの解説
11.2 エラーログの種類
11.3 アンチパターンを生まないためには？
11.4 アンチパターンのポイント
Column ログを見やすくする工夫

第11章 見られないエラーログ

11.1 アンチパターンの解説

ログはシステムの振る舞いを教えてくれる大切な存在です。とくにエラーログは、それ自体がミドルウェアの危険を知らせる信号でもあります。RDBMSでも同様です。しかし、こうも大切な存在のはずなのに、軽視されることがあります。本章はそんなエラーログのお話です。

事の始まり

> 開発者A：なんかエラーログ出てるけど、コレ何？
> 開発者B：あー、それなぜか定期的に出るんだよね。よくわからないけど、サービスが動いているからいつも無視してる。
> 開発者A：そうなんだ……。そういえば、スロークエリログはどこに出力してるの？ 探してみたけど見つからないんだけど。
> 開発者B：スロークエリログは一時期、大量に出力されてディスクI/O使いまくってサービスに影響が出たから、今は出力してないよ。
> 開発者A：え！？ じゃあ今ってどうやってパフォーマンス・チューニングしてるの？
> 開発者B：改修するとしてもユーザから問い合わせが来てからかな。
> 開発者A：はぁ（もしかしてユーザはどんどん離れてるんじゃ）。

何が問題か

今回は極端な例ですが、みなさんはエラーログをちゃんと確認していますか？ またそもそも、RDBMSがどのようなエラーログを出力するかご存じですか？

今回のアンチパターンでは、エラーログの軽視と無知に大きな問題があります。エラーログはRDBMSに限らず、ミドルウェアやアプリケー

ション全般において、重要な警告です。これを無視することは、大きな問題を未然に防ぐチャンスを自ら潰していると言えるでしょう。そこで本章ではエラーログについて取り上げていきます。

なぜエラーログを見ない人が多いのでしょうか。大きく2つあると考えています。

■エラーログに関する無知

1つめがエラーログの重要性を理解していないからです。次節から詳しく解説するとおり、エラーログはシステムからの警報です。無視すれば当然痛い目を見ます。

システムは人間の体と似ています。頭が痛い、熱が出る、これらは体が放つ警報です。システムにおいてはクリティカルなエラーと言えるでしょう。また健康診断によって気づく警報もあります。これはシステムにおいてはワーニングに相当するようなエラーで、無視すれば今後大きな問題になることを教えてくれているのです。自分の体に例えるとわかりますが、エラーログはシステムに関する大切な情報の塊です。だからこそ、システムの健康を守るためにはエラーログを注意深く監視する必要があります。

■エラーログが見れない／見づらい

そして2つめは、エラーログが見える状況になっていないからです。そもそもエラー自体が出力されていないケースや、エラーログが見やすい状態に加工されておらず、見ることが難しいケースなども含みます。

エラーログが出力されない設定の場合は、問題が起きてもそれを知る術がありませんし、エラーログが出力されていても見ることが難しくて内容を理解できなければ、同様に意味がありません。そのため、見やすくするための工夫が必要なのです。

エラーログの運用設計ではこの2点を掘り下げて、多くのことを検討しなければなりません。

11.2 エラーログの種類

実際の運用設計の前に、エラーログ自体について知ることが大切です。エラーログの種類を見ていきましょう。

PostgreSQLのエラーログ

PostgreSQLの場合、エラーログは**表11.1**のようになっています[注1]。

表11.1 PostgreSQLのメッセージ深刻度レベル（ログ出力がsyslogまたはWindowsのeventlogに送られる場合、表で示すように変換される）

深刻度	使用方法	syslog	eventlog
DEBUG1～DEBUG5	開発者が使用する連続的かつより詳細な情報を提供	DEBUG	INFORMATION
INFO	VACUUM VERBOSEの出力などの、ユーザによって暗黙的に要求された情報を提供	INFO	INFORMATION
NOTICE	長い識別子の切り詰めに関する注意など、ユーザの補助になる情報を提供	NOTICE	INFORMATION
WARNING	トランザクションブロック外でのCOMMITのような、ユーザへの警告を提供	NOTICE	WARNING
ERROR	現在のコマンドを中断させる原因となったエラーを報告	WARNING	ERROR
LOG	チェックポイントの活動のような、管理者に関心のある情報を報告	INFO	INFORMATION
FATAL	現在のセッションを中断させる原因となったエラーを報告	ERR	ERROR
PANIC	すべてのデータベースセッションを中断させる原因となったエラーを報告	CRIT	ERROR

下から順に重要度が高くなっています。FATALやPANICはサービス

注1） URL https://www.postgresql.jp/document/9.6/html/runtime-config-logging.html

に直接影響を与えるエラーになりますから、定常的な監視対象です。またERRORやLOGは、サービスに直接影響を与えていなくても大きな問題を発見できる手がかりになりますし、WARNINGも併せて監視することで、システム障害の予兆を検知できるようになります。

MySQLのエラーログ

　MySQLのログファイルには、おもに「General Query Log」「Slow Query Log」「Error Log」「Debug Log」の4種類があります。

　General Query Logでは接続情報や実行したクエリなど操作に関わる情報が、Slow Query Logは実行したクエリの処理に掛かった時間などがわかります。General Query Logは実行したクエリがすべて記録されていくのでデータサイズが大きくなりやすく、またパフォーマンスにも影響があり、デフォルトでは無効になっています。Error Logはその名のとおり、サーバから出力されるエラーメッセージ、Debug Logは開発者用のトレースログとなります。

　Error logには「Error」「Warning」「Note」の3種類のレベルがあります。MySQLのErrorには、PostgreSQLのError以上の重要度の高いレベルがすべて含まれます。そのためMySQLのクリティカルなエラーや自動復旧、再起動などの重要なメッセージが出力されます。Warningは警告、NoteはNotice（注意）の意味で、これらはおおむねPostgreSQLの同レベルと同じ挙動になります[注2]。

◆　◆　◆

　このように、一概にエラーログと言ってもその内容によって深刻度が変わります。そのため監視する方法や発見したときの通知の手段、緊急度も変わるため、それぞれを柔軟に設定する必要があります。

　実は今回のアンチパターンでは、これらを分けずにまとめてしまっており、雑な管理になっていました。これにより重大なエラーログが出力されても、それを認知できずに大きな障害につながってしまいます。

注2）「MySQLのエラーログ」 https://dev.mysql.com/doc/refman/5.6/ja/error-log.html

第11章 見られないエラーログ

11.3 アンチパターンを生まないためには?

エラーのログの種類がわかれば、次は何を出力し、どれを監視するかについて考えることになります。

エラーログの出力

エラーログに合わせたMySQLとPostgreSQLの設定例を**リスト11.1**と**リスト11.2**に示します[注3]。

リスト11.1 PostgreSQLのエラーログ設定

```
logging_collector=on # log の有効化
log_line_prefix='[%t]%u %d %p[%l] %h[%i]' # log の出力時のフォーマットの指定
log_min_duration_statement=< 許容できないレスポンス時間（ミリ秒）>
log_min_error_statement=error # 出力したい深刻度レベル
                              # 指定された深刻度レベルよりも重要なレベルが
                                出力される
                              # この場合、ERROR LOG FATAL PANIC
```

リスト11.2 MySQLのエラーログ設定

```
log_syslog=1
log_syslog_include_pid=1
log_error_verbosity=3
slow_query_log = 1 # slow queryログの有効化
slow_query_log_file=/usr/local/mysql/data/slow.log # ファイルパス
long_query_time=< 許容できないレスポンス時間（秒）>
log_queries_not_using_indexes = 1 # インデックスが使用されていないクエリを
                                    ログに出力
```

注3) URL▶ https://www.postgresql.jp/document/9.6/html/runtime-config-logging.html
　　 URL▶ https://dev.mysql.com/doc/refman/5.7/en/error-log.htm

■PostgreSQLの場合

　ここには記載していませんが、PostgreSQLのlog_checkpointsを設定すると、デフォルトでは無効になっている統計情報が出力されます。筆者は統計情報から取得できるデータはそちらから取得し、それ以外をログに出力するようにしています。

　笠原辰仁さんのWebの記事「ログ関連の設定」[注4]はPostgreSQLのエラーログについてのものですが、非常によくまとまっているのでご参考ください。

■MySQLの場合

　基本的に、MySQLのエラーログに関してはデフォルト設定のままでも十分です。ただし、MySQL 5.6とMySQL 5.7でlog_warningsの扱いが変わっていますのでご注意ください。詳しくは、@yoku0825さんのスライド「MySQL 5.7の罠があなたを狙っている」(43スライド目)[注5]が参考になります。

■エラーログ出力の設計

　このように設定すると、サービスに影響があるエラーがあればただちに認知でき、出力しているログから現在の状況を把握できます。エラーログを出力する際の注意点としては、

- いつ(タイムスタンプ)
- だれが(ユーザ)
- どこに(データベース)

という情報が運用ログとしてほしいところです。

　さらに監査ログとしての情報も含める場合は、

注4) URL https://lets.postgresql.jp/documents/technical/log_setting
注5) URL https://www.slideshare.net/yoku0825/mysql-57-51945745/43

- どこから（クライアントのIPなど）
- 何をしたか（実行されたSQLコマンド）
- どうなったか（エラーコード、エラーメッセージ）

がさらに追加されていると良いでしょう。**リスト11.1**のlog_line_prefixは、これらを満たしたフォーマットを想定しています。

エラーログの監視

ログの出力設定の次に検討すべきものは、ログの監視方法です。

基本的には、サービス停止の影響が出るようなエラーについては即時に通知が必要でしょうし、PostgreSQLのWARNINGのように即時対応は必要ないが発生頻度などを統計的に知りたい場合、定常的な監視が良いでしょう。

■深刻度によるレベル分け

筆者はPostgreSQLの場合、**表11.2**のようにしています。

表11.2 エラーログの監視例（PostgreSQL）

深刻度	本番環境でのロギング	通知
DEBUG1～DEBUG5	場合による（デバッグで必要などの理由がなければ本番では行わず、ステージングのみで行う）	しない
INFO	場合による（統計情報で取得できない場合などほかで代替できないときのみ）	しない
NOTICE	する	しない
WARNING	する	しない
ERROR	する	Slackの、エラー対応のためのチャンネル（たとえばerrorチャンネルなど）に通知
LOG	する	同上
FATAL	する	Slackの主要チャンネル(generalなど）に通知(@channel※付き)
PANIC	する	同上

※チャンネルのメンバー全員に通知するためのメンション

■通知のしくみ

　Slackへの通知にはサーバ監視サービスのMackerelやサーバ監視ツールのZabbixなどを使い、「PANIC」などの文字列が出力された場合にアラートとして扱うしくみが一般的です。

　もちろんSlack以外にも、アラートを起因にRedmineに起票したり、メールを送ったりすることもあります。これはチームの文化に合わせて柔軟に設定しましょう。大切なことは、

重要な通知を知るべきすべての人にすばやく・正しく・漏れなく通知できること

です。

■可視化のしくみ

　また、ロギングするが通知しない情報については、Elasticsearchを使って可視化できるようにしています。Elastic Stack[注6]を使うことで、たとえば「○○というWARNINGがこの時間帯で□回起こっている」という状態を可視化でき、RDBMSの振る舞いがわかります[注7]。　もちろん、Elastic Stackの情報は定期的に見ないと傾向の変化にも気づけませんので、筆者の前職㈱はてな[注8]では、隔週程度でチームメンバーで振り返るようにしていました[注9]。

　こうしたしくみを作ることで、サービス停止の検知はもちろんのこと、障害を未然に防ぐこともできるようになります。

注6）Elasticsearch、Kibana、Beats、Logstashを含んだスイート。
注7）「Elastic Stackによるログの監視入門」URL https://speakerdeck.com/johtani/elastic-stackniyorurogufalsejian-shi-ru-men
注8）2017年1月初めから2018年3月末まで在籍。
注9）「はてなにおける日々の仕事の中にあらわれるMackerelの活用」-「パフォーマンス状況共有会」
　　URL https://mackerel.io/ja/blog/entry/advent-calendar2015/day19

11.4 アンチパターンのポイント

今回のアンチパターンのポイントは、エラーログの運用設計をシステムの設計時に行っていないことです。エラーログは、出力されていない場合はどうすることもできず、また設定に再起動を要することが多いため、あとあとの調整が難しいです。

それにもかかわらず、運用は開発の二の次にされ、ログのしくみが設計されないままリリースされたサービスが散見されます。第10章で紹介したバックアップ同様、エラーログはサービス自身を守る大切な役割を担っていますし、定期的にメンテナンスが必要です。

またエラーログは、RDBMSだけではなくアプリケーション全体にとっても大切な存在です。これを機に、ほかのミドルウェアやアプリケーションのエラーログについても一考するのが良いでしょう。たとえばPHPのPSR-3[注10]や、言語ごとによく使われるLoggerなどが良い参考になるでしょう。

「見られないエラーログ」はRDBMSだけではなく、ほかのミドルウェアにも共通するアンチパターンです。紹介したとおり、エラーログがデフォルトで出力されないケースもあるので注意しましょう。またエラーログの吐き出し過ぎは、今回のケースのように担当者が見なくなる大きな要因の1つです。"割れ窓"にならないように定期的に調整しましょう。

注10) URL http://www.php-fig.org/psr/psr-3/

Column ログを見やすくする工夫

PostgreSQLにはpg_stat_statementsという設定があります。これが有効にされている場合、統計情報にSQLの実行結果を集計して保存してくれるため、とても便利です。

しかし制約などの事情から、pg_stat_statementsを有効にできない場合もあります。そんなときは、pgBadger[注11]といったログを集計してくれる外部ツールを使うのが良いでしょう。MySQLではpt-query-digest[注12]が同様のツールにあたります。

Elastic Stackを活用する

このように、ログを見やすくするために加工してから別の形で出力するのは良いアイデアです。これらのツールはログの集計結果をHTMLやCLI上でわかりやすく表示してくれるため、私達を大いに助けてくれるツールです。本文でも触れたElastic Stackを利用して、Logstashでログを集約、Elasticsearchで集計、Kibanaで可視化するのも同じ発想です。

Elasticsearchで集計するメリットには次のようなものがあります。

（1）その時々に合わせた柔軟な検索とグラフによる可視化
（2）一度出るだけでは重要ではないWARNINGも、続けて出た場合は重要なエラーとして扱い通知を送るといったしくみも作れる
（3）時系列でデータを見ることで過去と今の振る舞いの違いを知ることができる

PostgreSQLの場合は

（2）に関連した例ですが、PostgreSQLのarchive_commandによるアーカイブログへのコピーが失敗した場合、PostgreSQLのログと

注11）URL https://pgbadger.darold.net/
注12）URL https://www.percona.com/doc/percona-toolkit/LATEST/pt-query-digest.html
　　　URL https://thinkit.co.jp/article/9617

しては、ログレベルLOGで出力します。これを放置し続けるとWAL[注13]が滞留し続けて、WAL領域がディスクフルになります。そうなるともちろん、PostgreSQL側は書き込みが行えなくなり、PANICを引き起こすようなケースがあります。

PANICになってからでは、障害が発生しているため対応としては出遅れています。そこで、PANICの通知だけでは原因の究明が難しいので、ログレベルLOGのエラーログを集計して事前に問題を検知し、より早い初動で対応しましょう。また、ディスクサイズの監視をすることでも未然に防げます。

MySQLの場合は

これはMySQLでも同様です。MySQLのログの深刻度にはError、Warning、Noteがあり、Note以外を監視するのが一般的です。PostgreSQL同様に、たとえばErrorやWarningの監視にはElastic Stackの活用やホワイトリスト形式の文字列監視も良いプラクティスとなります。

またMySQLでは、一般的にはエラーとされるようなものでも、mysqldとしては正常とされるならばエラーログに出力されません。たとえば、lock_wait_timeoutはエラーログに出力されないため、アプリケーションのログを確認する必要があります。こちらも同様に、監視できる体制を作る必要があります。

Elastic Stack以外にもログの情報をfluentdで加工していればBigQueryを使うこともできますし、Amazon S3においてはAmazon Athenaで集計できます。ログを出力した次のステップとして、ログを見やすくすることを意識してみてください。それが運用を育てることにつながります。

注13) Write Ahead Loggingの略で、トランザクションログと呼ばれることもある。RDBMSが稼働中に行ったデータベースごとに発生したトランザクションと、加えられた変更がすべて記録される重要なログファイル。ロールバック処理や障害発生時にバックアップからのリストアを行う際に利用され、データの一貫性を保つために利用される。

第12章

▶ 監視されない
データベース

12.1	アンチパターンの解説
12.2	ミドルウェアの監視の種類
12.3	アンチパターンを生まないためには？
12.4	アンチパターンのポイント
Column	可視化と改善は両輪

第12章 監視されないデータベース

12.1 アンチパターンの解説

　モニタリング（監視）はデータベースだけではなく、システム全体の振る舞いを知り、未来を予見するためにとても大切な技術です。モニタリングは攻めと守り、両面から見て重要な要素で、それはRDBMSにおいても変わりません。本章はそんなデータベースの監視のお話です。

事の始まり

　監視のしくみを整えていなかった現場で、ついにWebサービスが落ちる。

開発者A：サービスが落ちた！
開発者B：DBのコネクションエラーが出てる。
開発者A：アクセスが増えるとこうなるんだよな……。
開発者B：アプリケーションのログはコネクションエラーしか出てないから、どこが問題なのかわからないね。
開発者A：こうなるとあとは静まるのを祈るしかない。
開発者B：まるで神の怒りみたいだな。

・神の怒り[注1]

> 今のインターネットのシステムは、極めて高度に発達しており、生物／自然を連想するような複雑な系をなしています。この自然は普段はおとなしいですが、時として天災のような異常となって我々人間に襲いかかってきます。情報システムの場合は、システム障害ですね。このような異常が発生するために、人は

注1）URL http://blog.yuuk.io/entry/ipsjone2017

> 未知に対する恐れを抱いてしまいます。これに似た構造があり、古来より人々は、例えば神話のような世界で、未知の異常を神の怒りと表現していました。

何が問題か

　RDBMSが止まるとサービスに多大な影響が出ます。例で出たコネクションエラー以外にも、パフォーマンスが悪化した際など、同じようにサービスに大きな影響を与えます。これらの問題からRDBMSを守るためには何が必要でしょうか。

　第11章のエラーログの監視と同様に、RDBMS自体もモニタリングをする必要があります。今回のアンチパターンではRDBMSの日常的なモニタリングをしていなかったため、障害を予測できなかったうえに、対応することもできませんでした。このようなケースではサービスの機会損失も大きく、またビジネスサイドからのエンジニアの信用は、ガタ落ちしてしまうことでしょう。そこで本章では、RDBMSのモニタリングについて取り上げていきます。

12.2 ミドルウェアの監視の種類

RDBMSに限らず、ミドルウェアの監視には大きく分けて3つの種類があります。

(1) サービス（プロセス）の死活監視
(2) 特定条件のチェック監視
(3) 時系列データをもとにしたメトリックス監視

これらは実際の監視のステップと対応します。まずは死活監視から始め、チェック監視、メトリックス監視とステップアップしていくのが自然です。ただし、メトリックス監視だけをしておけば良いというものではなく、それぞれの監視にはそれぞれの役目がありますので、3つのバランスをうまく取りながら監視することが大切です。

以降では、それぞれ監視について個別に解説していきます。

死活監視

サービスやプロセスの死活監視は「いち早く障害発生を確認できるようにするため」に必要な監視です。

たとえばDBのプロセスが落ちれば、データの参照・更新・追加・削除ができないわけですから、多くのサービスは止まってしまうでしょう。サービスが止まっている間は機会損失ですし、ユーザ体験としてもよくありません。だからこそ、サービスが止まっていることにいち早く気づき、対応することが大切です。

このように、死活監視は直接サービスに影響を与える障害に対する監視ですから、アラートはすべてクリティカルな内容です。できれば死活監視のアラートは飛んで来ないほうがいいですよね。そのために必要な

監視が次のステップになります。

チェック監視

　チェック監視は「特定の条件を設けて、障害を未然に防いだり、復旧にいち早く取り掛かれたりするようにするため」に必要な監視です。
　たとえばディスクの容量監視であれば、容量が90%になるとアラートが飛ぶようにすれば、事前にディスクフルになることを防げます。そのほか、レプリケーションが切れていた場合やバックアップの成功の有無なども、チェック監視で確認できます。
　チェック監視の対象は直接サービスに影響があるものももちろんですが、「間接的にサービスに影響があるもの」もチェックすることで障害時の原因究明に大きく貢献してくれます。

メトリックス監視

　メトリックス監視は、

状況の変化を時系列で管理することで、キャパシティプランニングや障害の予兆の把握に役立てるため

に必要な監視です。
　障害発生の有無自体はチェック監視の閾値（いきち）設定と同様の視点ですので、瞬間的なアラートに関してはチェック監視と差異はありません。しかし、システムの振る舞いを知るためには状態の差分が必要です。つまり、どのようにしてRDBMSに負荷が掛かってきたのかという歴史がないと、急激に負荷が掛かってきたのか、それとも緩やかに負荷が増えてきたのかがわかりません。この違いによって初動の対応が大きく変わるため、常に振る舞いを時系列データとして取得し、メトリックスとして確認できるようにすることは、とても大切なことです。

12.3 「アンチパターンを生まないためには？

RDBMSの何をモニタリングするべきか

　RDBMSは常に変化・成長する生き物ですので、その振る舞い、つまりメトリックを見ることが大切です。たとえば次のような項目は、モニタリング対象としてとても大切です。

【OS側】
- ディスクI/O
- ネットワークトラフィック
- CPU利用率
- メモリ利用率

【RDBMS側】
- SELECT/INSERT/UPDATE/DELETEなどのSQLの実行量
- 実際に読み込まれているレコードの量
- インデックスヒット率
- デッドロックの有無
- テンポラリファイルの作成の有無
- ロックの量と時間

　これらメトリックには相関関係があるので、個々で確認するのではなく、一緒に確認することが大切です。

モニタリングの実践

■シナリオ

　たとえば、システム側のメトリックで取得していたCPU利用率が急激に上がったとします。その中でもとくにcpu.iowait（CPUの総利用時間あたりのI/O待ち時間の割合）が高い場合は、ディスクI/Oに問題があると読み取れます。そこからRDBMS側のメトリックを確認し、もしテンポラリファイルができていれば、これはデータがメモリに乗り切らずにテンポラリファイルを作っている（通称temp落ち）、ということがわかります。

　そうなると、次はこのテンポラリファイルが何を起因にして作られているかを知る必要があります。ここでSQLの実行量を見てみると、量は変わっていないが実際に読み込まれているレコードの量が急激に増えていたとします。そうすると、テーブルスキャンなどのクエリが実行されていることが予想されますね。

　ここまでくれば、あとは実行中のSQLやスロークエリログから問題のSQLを見つけることができるでしょう。これによって、短期的な対策と長期的な対策ができるようになります。

■モニタリングの結果を切り分ける

　ここで注目すべきは、この振る舞いが急激に来た事象なのか、実は徐々にクエリの対象レコードが増えており、ある日突然メモリから溢れてtemp落ちしたのかの違いです。

　前者の場合は、たとえばニュースサイトで取り上げられてアクセス数が急激に増えた場合などで、問題になった事象やSQLが落ち着くと解決することが多いです。

　しかし後者は定常的に今後も発生し得るため、自然回復することは期待できず、抜本的な対策が必要となります。たとえば、バッチスクリプトなどの非同期の処理において、当初は問題なかったが、データが増えてきたことにより急に遅くなるケースなどです。

第12章 監視されないデータベース

■どれくらいの頻度で／誰が確認するか

この切り分けをするためにも、モニタリングするべき項目を時系列データとして持つことが大切ですし、定期的にメトリックをグラフとして確認することが大切です。

パフォーマンスのモニタリングは1〜2週間に1回は行うようにしましょう。このときのコツは、インフラエンジニアとアプリケーションエンジニアが一緒に見ることです。なぜなら、リリースによって負荷が増えていることはアプリケーションエンジニアも知りたいですし、そのような問題はアプリケーションエンジニアでないと対応できないからです。逆にインフラエンジニアにとっては、サービスの振る舞いがリリースによってどのように変わったかといった情報が、障害対応やチューニングに必要です。サービスの振る舞いを通してお互いに情報共有する場としても、モニタリングは大切な存在です。

実際のモニタリング

では、このようなモニタリングを実現するためにはどんなツールを使うのが良いのでしょうか。モニタリングツールとして、OSSではZabbix、SaaSではMackerelやDatadogがメジャーです。ツールは目的に合わせて使うべきですので、各RDBMSを基準に紹介します。

■MySQLのモニタリング

MySQLのモニタリングツールと言えば、PMP（Percona Monitoring Plugins）が定番です。PMPは、ZabbixやCactiのプラグインとして公開されており、手軽に使うことができます。PMPはMySQLの項目をかなり細かく取ることができ、とくにInnoDBの次のような項目まで取ることができます[注2]。

注2）「InnoDBの監視 ~ mackerel-plugin-mysqlを読み解く その2」 URL http://soudai.hatenablog.com/entry/innodb

- InnoDB Buffer Pool
- Adaptive Hash Index
- spinlock
- Transaction

このほかにも、多くの項目を細かく見ることができます。先ほど紹介したMackerelのMySQLプラグインも、PMPの項目を参考に実装されており、その総数は100を超えています[注3]。これらを使うことでより詳しくMySQLを知ることができますし、MySQLの振る舞いから高い精度で未来を予測できるようになります。

■PostgreSQLのモニタリング

PostgreSQLのモニタリングと言えばpg_monz[注4]が定番です。PMPと同じように、Zabbixのプラグインとして使うことができ、PostgreSQLの細かい項目を見ることができるので、とても心強い味方です。

さらにPostgreSQLには、pg_statsinfoという情報収集ツールとpg_statsinfoが集めた情報を可視化するpg_stats_reporterがあります[注5]。なんと、これらはすべて日本の企業が開発したOSSです。そのためドキュメントも日本語で用意されているのがうれしい点です。

pg_statsinfoは細かいPostgreSQL専用の情報を収集してくれますので、何か問題が発生したとき、より詳しく知りたいときなどにとても有効です。pg_monzやpg_statsinfoを使ってPostgreSQLの振る舞いを知り、障害を未然に防いでいきましょう。詳しくは、筆者のブログ記事[注6]を参照ください。

注3)「MySQLの監視 ~ mackerel-plugin-mysqlを読み解く」 URL http://soudai.hatenablog.com/entry/mackerel-plugin-mysql
注4) URL http://pg-monz.github.io/pg_monz/
注5) URL http://pgstatsinfo.sourceforge.net/documents/statsinfo3.2/pg_statsinfo-ja.html
注6)「PostgreSQLの内部構造と監視の話」 URL http://soudai.hatenablog.com/entry/postgresql-architecture-and-performance-monitoring
「PostgreSQLの監視～mackerel-plugin-postgresを読み解く」 URL http://soudai.hatenablog.com/entry/mackerel-plugin-postgres
「PostgreSQLのレプリケーションの監視」 URL http://soudai.hatenablog.com/entry/postgresql-replication-monitoring

12.4 アンチパターンのポイント

　今回のアンチパターンのポイントはモニタリングする「文化」がなかったことです。一言にモニタリングといっても、ただメトリックを集めれば良いわけではありません。見られないグラフに意味はありませんし、そのグラフからサービスの振る舞いを知れなければ意味がありません。そのため、サービスのサイズやフェーズによって見る値、大切にするメトリックは変わってきます。だからこそ、モニタリングは始めることよりも、続け、育てることがとても大切です。たとえばみなさんの職場では、前任者が設定したZabbixが手つかずで残されていませんか？

　モニタリングは、始めれば恒久的に効果があるものではありませんし、1人だけで続けられることではありません。そのため文化と表したとおり、チームの全員で取り組んで行く必要があります。

　筆者が所属していた㈱はてな[注7]のMackerelチームでは、2週間に1回、アプリケーションエンジニアとインフラエンジニアを集めてパフォーマンスモニタリングを見る定例会を開催していました[注8]。みなさんもこれを期に、インフラのモニタリングを始めてみませんか？

　「監視されないデータベース」は筆者自身まだできていない場所も多いと感じています。モニタリングはサービスを成長させる攻めの部分と、障害を未然に防ぐ守りの部分がある攻守一体の技術です。みなさんもRDBMSだけでなく、サービス全体のモニタリングに取り組んでみてください。

注7）2017年1月初めから2018年3月末まで在籍。
注8）URL▶ https://mackerel.io/ja/blog/entry/advent-calendar2015/day19

Column 可視化と改善は両輪

モニタリングはインフラの見える化

　モニタリングはインフラの何を可視化しているのでしょうか？　それはインフラの品質、もっと言えばサービスの品質です。モニタリングはサービスの品質を見える化することで、どこがボトルネックか、どのような振る舞いをしているかを教えてくれます。プログラミングの場合はどうでしょう？　そうです。テストコードがコードの品質の見える化になります。

　テストコードやモニタリングはなぜ必要なのでしょうか？　それは、品質を見える化することで改善すべきところが見えてくるからです。

モニタリング後のチューニングが大事

　ただし、大事なことですが、モニタリングもテストコードも、それ自体はあくまで可視化ですから、対象そのものを直接的に改善してくれるわけではありません。あくまで品質の可視化です。もし可視化した結果が悪かったとき、そのまま放置してしまっては当然何も改善されません。

　そうです、プログラミングの場合はリファクタリングが必要ですし、インフラの場合はチューニングが必要なのです。そしてチューニングをした際にどれくらい品質が改善したかを教えてくれるのもまた、テストコードやモニタリングなのです。品質が見えない場合、リファクタリングやチューニングのゴールが見えません。改善する場合は効果測定がとても大切なのです。

　ダイエットも体重計に乗らなければ、今の状態を知ることができませんし、体重計に乗るだけでは痩せません。つまり品質の可視化と改善は両輪ですので、どちらが欠けても駄目なのです。

第 13 章

▶ 知らないロック

13.1 アンチパターンの解説
13.2 ロックの基本
13.3 アンチパターンを生まないためには？
13.4 アンチパターンのポイント

第13章 知らないロック

13.1 アンチパターンの解説

　RDBMSのロックはトランザクション中のデータを守るための大切なしくみです。しかし、意図しないロックはパフォーマンスに大きな影響を与え、時にはデッドロックを起こします。そこで本章では、ロックといかに付き合い、RDBMSをコントロールしていくかをお話したいと思います。

事の始まり

　MySQLを使ったアプリケーションで、再現不可能な障害に出くわす開発者2人。

開発者A：アプリケーションがなぜかときどき詰まるな……。
開発者B：条件はわからないのですが、モニタリングの結果デッドロックが発生しているようです。
開発者A：通常の正常系テストも異常系のテストでも再現しない。
開発者B：並列処理の際に何か問題が出ているのでしょうか？
開発者A：いや、デッドロックするようなクエリはないはずだが。
開発者B：アプリケーションのベースは、前回PostgreSQLを使って作成したアプリケーションと同様ですが、あちらでは発生していませんね。
開発者A：MySQLだけで発生する理由がわからない……なぜだ。

何が問題か

　テストをしていても、モニタリングをしていても、意図せずロックがかかり問題が発生することがあります。今回の例は後述するデッドロックが原因でしたが、場合によってはデッドロックが発生していることにも気づけないかもしれません。

　もっと言えば、第12章のようにDBの負荷をモニタリングしていない状況で、デッドロックが発生せず、単にロックによる遅延が発生しているだけの場合、静まるまで天に祈ることにもなりかねません。

　では、きちんとDBの負荷をモニタリングしており、ロックを取っていることがわかっているなら、どのようにしておけば良かったのでしょうか。結論を言ってしまうと、ロックの粒度や性質を知り、DBの負荷同様にロックもモニタリングの対象にすることです。本章ではロックにスコープを絞り、実際に起きやすいロックの問題について取り上げていきます。

13.2 ロックの基本

ロックのレベルと粒度

　ロックには「レベル」と「粒度」という概念があります。レベルは共有ロックや排他ロックなど、SELECT文やUPDATE文といったSQL単位でロックの範囲を決めます。それに対し、粒度は「行」や「表」などの単位でロックする範囲を決めます。そして、レベルと粒度の合わせ技でロックの影響範囲が決まります。

　このレベルや粒度の種類はRDBMSによって違います。たとえば、ALTER文はロックを取ってからテーブル定義を変更しますが、同じSQLであってもどのレベル・どの粒度のロックを取るかが違います。

　細かい挙動はRDBMSごとに違いますが、アプリケーションから意識するロックのレベルと粒度の区分はRDBMS共有です。一般的なロックのレベルと粒度を表にまとめました（**表13.1**、**表13.2**）。

表13.1 主なロックのレベル

排他ロック（eXcluded lock）	共有ロック（Shared lock）
ロック対象へのすべてのアクセスを禁止する	ロック対象への参照以外のアクセスを禁止する
SELECT、INSERT、UPDATE、DELETE、すべて実行できない	ほかのトランザクションから参照（SELECT）でアクセス可能
書き込みロック、X lockと呼ばれることもある	読み込みロック、S lockと呼ばれることもある

表13.2 主なロックの粒度

表ロック	行ロック
テーブル（表）を対象にロックするため該当のテーブル内の行はすべて対象になる	行単位で対象をロックする。1行の場合もあれば複数行にまたがる場合もあり、すべての行を対象にすると表ロックと同義になる
テーブルロックと呼ばれることもある	レコードロックと呼ばれることもある

たとえば「排他表ロック」と言えば、排他ロック＋表ロックとなるため、ロック対象の表はほかのトランザクションから参照や更新などすべてのアクセスができない状態になります。このようにロックのレベルと粒度によってSQLの振る舞いが決まるため、アプリケーション側からどのロックを取っているかを意識する必要があります。

トランザクションとデッドロック

度々出てきたデッドロックですが、RDBMSにおけるデッドロックについてここで説明します。デッドロックは端的に言うと「複数のトランザクションが、もう一方の処理が終わるのをお互い待って身動きが取れなくなっている状態」を言います。

例で説明してみます。同じシリーズの漫画で1巻と2巻が1冊ずつあり、自分と友人は2人とも、1巻と2巻が手元にそろってから読み始めたいと考えています。

①自分が1巻を確保する
②友人が2巻を確保する
③自分が2巻を確保しようとするが、友人が2巻を確保しているため、自分は2巻が返されるのを待つ
④友人が1巻を確保しようとするが、自分が1巻を確保しているため、友人は1巻が返されるのを待つ
⑤お互いがお互いの本の返却を待ち、どちらも読み始められない

図13.1の状態がデッドロックです。

図13.1 デッドロックのイメージ

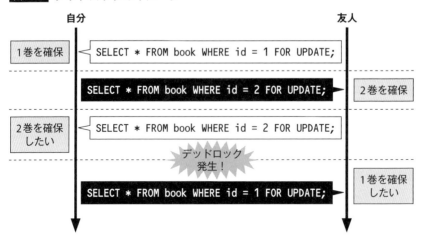

　自分・友人=トランザクション、本の確保=ロックと読み替えてください。この状態を防ぐシンプルな対処法としては、自分も友人も必ず1巻から確保することです。こうすると、友人は必ず自分のあとに本を確保するようになるため、デッドロックは発生しません。このように、ロックでは取得の順番も大切です。

気づきにくいロック

　ロックは自ら宣言して取得することもできます。これを明示的ロックと言います。たとえばPostgreSQLの場合は、

```
LOCK TABLE テーブル名 IN SHARE MODE;
```

を実行することで表単位の明示的ロックを取得できます。このほかにも、`SELECT ...FOR UPDATE`のようにSELECTの結果に対して行単位の明示的ロックを取ることもできます。

　明示的ロックはSQLを書く人自身が意識的に行うロックですが、SQLによっては宣言しなくとも自動的に共有ロックや排他ロックを取るもの

があります。たとえば`INSERT ... SELECT`や`CREATE TABLE ... AS SELECT`など、SELECTの結果を追加・更新するために使うSQLは、追加・更新自体が終わるまで対象の共有ロックを取得します。

また第9章でも紹介したとおり、外部キー制約を利用した状態で子テーブルに対する更新を行った場合は親テーブル側に共有ロックを取得します。

このように、ロックは常にいろんな形で取得されており、アプリケーション側で意図しないロックが発生することがあります。

13.3 アンチパターンを生まないためには？

ロックの振る舞いはRDBMSで大きく違います。今回のアンチパターンはPostgreSQLとMySQL、2つのRDBMSでのロックの違いに関する知識不足が原因です。両者の違いをみていきましょう。

PostgreSQLのデッドロック

PostgreSQLで一番簡単にデッドロックが起きる例を見てみましょう（図13.2）。

図13.2 PostgreSQLでのデッドロックの例

```
-- トランザクションA
demo=# BEGIN;
BEGIN
demo=# SELECT * FROM demo;

-- トランザクションB
demo=# BEGIN;
BEGIN
demo=# SELECT * FROM demo;

-- トランザクションA
demo=# LOCK TABLE demo;
LOCK TABLE

-- トランザクションB
demo=# LOCK TABLE demo;
ERROR:  deadlock detected
DETAIL:  Process 1979 waits for AccessExclusiveLock on relation 160551
of database 160548; blocked by process 1978.
Process 1978 waits for AccessExclusiveLock on relation 160551 of
database 160548; blocked by process 1979.
HINT:  See server log for query details.
```

普段MySQLを利用している人からすると驚きだと思いますが、Postgre

SQLはSELECTでも「AccessShareLock」という一番小さなレベルのロックを取ります。AccessShareLockは**LOCK TABLE**実行時に取得するロック「ACCESS EXCLUSIVE」とコンフリクトします[注1]。そのため図13.2のとおり、デッドロックが発生するのです。

これに対してMySQLは、**LOCK TABLE**の実行時にそれまでのすべてのアクティブなトランザクションを暗黙的にコミットします。そのため類似の例の問題は発生しません。

MySQLのギャップロックとネクストキーロック

MySQLのロックの特徴にギャップロックとネクストキーロックがあります。まずは図13.3の例を見てみましょう。

図13.3 MySQLでのデッドロックの例

```
mysql> CREATE TABLE demo2 (
  id bigint(20) unsigned NOT NULL AUTO_INCREMENT,
  num bigint(20) unsigned NOT NULL,
  PRIMARY KEY (id)
) ENGINE=InnoDB DEFAULT CHARSET=utf8mb4;

mysql> INSERT INTO demo2 (id, num) VALUES (1, 10), (2, 20), (3, 30), (4, 40);

-- トランザクションA
mysql> BEGIN;
mysql> DELETE FROM demo2 WHERE id= 8;
-- トランザクションB
mysql> BEGIN;
mysql> DELETE FROM demo2 WHERE id = 9;

-- トランザクションA
mysql> INSERT INTO demo2 VALUES (8, 80);
-- トランザクションB
mysql> INSERT INTO demo2 VALUES (9, 90);
ERROR 1213 (40001): Deadlock found when trying to get lock; try restarting ↲
transaction
```

注1)「PostgreSQL 10.5文書 13.3. 明示的ロック」URL https://www.postgresql.jp/document/10/html/explicit-locking.html

第13章 知らないロック

なぜこれがデッドロックになるのでしょうか？ この理由が、ギャップロックとネクストキーロックにあります。

■ギャップロック

MySQLでは通常、ロックの粒度は行ロックです。それに対してギャップロックは、

- 「INDEX値を持つ行」と「INDEX値を持つ行」の間にあるギャップ
- 先頭の「INDEX値を持つ行」の前に存在するギャップ
- 末尾の「INDEX値を持つ行」の後に存在するギャップ

へのロックです。たとえば、図13.4においてはid = 4とid = 7が実際にあるレコードであり、その間のid = 5とid = 6は実在しませんが（＝ギャップ）、WHERE id > 3 AND id < 8のロックの対象になります。

図13.4 ギャップロックのイメージ

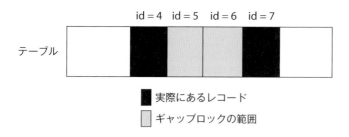

■ネクストキーロック

次に重要なのがネクストキーロックです。ネクストキーロックは、行ロックとその行の直前のギャップロックの組み合わせです。図13.5を見てください。

図13.5 ネクストキーロックの例

```
-- トランザクションA
mysql> BEGIN;
mysql> UPDATE demo2 SET num = num*100 WHERE id < 3;

-- トランザクションB
mysql> BEGIN;
mysql> UPDATE demo2 SET num = num*100 WHERE id = 3;
-- 待たされます
```

　最初のUPDATE文はidが3未満の行を対象にしていますので、一見すると`id = 3`の行ロックを取るのは不自然に感じますが、これがネクストキーロックという仕様です。

　このように、対象が存在しなくてもロックを取るギャップロックと、対象よりも1つ先の行までロックを取るネクストキーロックは、MySQLのロックの特徴的なしくみです[注2]。

注2)「InnoDBのレコード、ギャップ、およびネクストキーロック」 URL https://dev.mysql.com/doc/refman/5.6/ja/innodb-record-level-locks.html
「MySQLのInnoDBのロック挙動調査」 URL https://github.com/ichirin2501/doc/blob/master/innodb.md

13.4 アンチパターンのポイント

今回のアンチパターンのポイントは、RDBMSごとにロックの振る舞いが違うということを知らなかったことです。基本的な機能は一緒でもロックの振る舞いはそれぞれ違うということは珍しくありません。たとえば、今回の例ではMySQLとPostgreSQLでしたが、OracleDBなどの商用DBではまた振る舞いが違います。

ロックはRDBMSを使ううえで重要な機能です。必要不可欠であるからこそ、正しい知識を持つことが重要です。とくに今回のように、「今まで使ってきたRDBMSでは○○だったから別のRDBMSは□□なはずだ」と決め付けて実装するのは危険です。もちろん、RDBMSごとに得手不得手があるのでケースバイケースで使い分けることは正しい選択ですが、その際はロックの振る舞いについてしっかりと理解したうえで使いこなしましょう。

ロックに対する無知は、今回のようなパフォーマンスの問題だけでなく、時にはクリティカルなバグを生み、最悪サービスが停止することもあります。そういったことを防ぐためにも、ロックの振る舞いについてはドキュメントを読み、手を実際に動かし、正しい知識を身に付けましょう。

第14章
▶ ロックの功罪

14.1 アンチパターンの解説
14.2 トランザクション分離レベル
14.3 アンチパターンを生まないためには？
14.4 アンチパターンのポイント

第14章 ロックの功罪

14.1 アンチパターンの解説

　第13章では「知らないロック」と題して、RDBMSごとに違うロックの振る舞いを知ることの重要性について説明しました。本章では「ロックの功罪」という題名で、前章に続いてRDBMSの重要な機能であるロックについて深掘りしていきます。

　RDBMSごとに振る舞いが違うロックですが、そもそもロックの責務とは何でしょうか？　ロックはデータを守るためのしくみですが、何からデータを守っているのでしょうか？

　ロックは並列処理からデータを守っています。みなさんは並列処理を実装するとき、ロックをどの程度意識しているでしょうか。今回はそんなロックの活かし方のお話です。

事の始まり

　ECサイトの年末セールに備える開発者2人。

開発者A：年末セールが始まるけど、高負荷だとDBがロックの取得待ちで詰まるんだよな……。

開発者B：MySQLのトランザクション分離レベルをread committedに設定したらギャップロックとか発生しなくなるらしいよ。

開発者A：それ良さそう！　これでロックの取得待ちで詰まる問題が解決しそうだし、すぐ設定だ。

　——1週間後——

開発者A：あれ？　在庫の数おかしくない？

開発者B：年末セールの前までは問題なかったし、とくにコードは修正してないのですが……。

開発者A：となると、MySQLの設定を変えたのが原因？

開発者B：何が変わったんだろ……？

何が問題か

　第13章ではロックのレベルと粒度についてお話しました。不適切なロックは、トランザクションが1つずつ順番に実行される直列処理の状態を作り、パフォーマンスの問題になります。例として挙げた問題はその対応として、トランザクション分離レベルが何かを理解しないまま安易に変更したことです。

　トランザクション分離レベルは、設定した内容によってトランザクション中の振る舞いが変わり、データベース全体の振る舞いが決まります。今回はそんなトランザクション分離レベルを中心に、ロックの存在意義と利用方法について取り上げていきます。

14.2 トランザクション分離レベル

トランザクション分離レベルとは何でしょうか。まずそのためにはトランザクションについて知る必要があります。

トランザクションとACID

トランザクションにはACID特性やACID属性と呼ばれる要件があります。ACIDは**表14.1**に紹介するそれぞれの性質の頭文字を取ったもので、それぞれ保証する要件が違います。

表14.1 ACID（参考：https://ja.wikipedia.org/wiki/ACID_（コンピュータ科学））

Atomicity（原子性）	・トランザクション内の操作がすべて実行されるか、されないかを保証する ・操作できる最小の単位であり、実際の処理としては、COMMITですべて実行され、ROLLBACKですべて取り消されること
Consistency（一貫性、整合性）	指定された状態に対して整合性がある、一貫性がある（金額は負の値を取らないなど）ことを保証する
Isolation（分離性、独立性）	・実行中のトランザクションがほかのトランザクションに影響を与えないことを保証する ・実行中のトランザクションの状態は参照・変更できない
Durability（永続性）	・一度コミットされたトランザクションは、何があっても残されることを保証する ・システム障害が発生しても、コミットされたトランザクションの結果は残り、なおかつ復元できる

このように、ACIDはRDBMSの最たる特徴といっても過言ではないほど重要です。

この中でIsolationに注目してください。Isolationを完全に担保しようとすると、直列処理で1件ずつ処理する必要があります。しかし、実際にRDBMSは並列に処理できます。これはIsolationの制限を緩めている

からです。その制限の程度を定義しているのが、トランザクション分離レベルです。

トランザクション分離レベルと起き得る問題

実際のトランザクション分離レベルの種類は次のとおりです。

(1) read uncommitted
(2) read committed
(3) repeatable read
(4) serializable

下に行くほど並列度が低くなります。serializableは完全な直列処理になるためIsolationを担保していると言えますが、その分並列処理はできなくなります。逆に、read uncommittedはIsolationを犠牲にする代わりに並列度を高めています。もちろん、これにはメリットとデメリットがあり、**表14.2**のような現象が発生します。

表14.2 トランザクション分離レベルと関連する現象（参考：https://www.postgresqlinternals.org/chapter2/）

		ダーティーリード	ファジーリード	ファントムリード	ロストアップデート
レベル	read uncommitted	発生	発生	発生	発生
	read committed	起きない	発生	発生	発生
	repeatable read	起きない	起きない	発生	発生
	serializable	起きない	起きない	起きない	起きない

これら現象についてそれぞれ説明します。

■ダーティリード（Dirty Read）

ダーティリードはほかのトランザクションから自分のコミットしてい

ない変更内容が見えてしまう現象です。

図14.1のように、トランザクションBがROLLBACKしているにもかかわらず、トランザクションAがタイミングによっては「売上：1,500」のデータを利用できます。これでは並列処理の際、データの不整合が発生する場合があり、売上の集計といったデータ整合性が重要な場面では致命的な問題となります。

図14.1 ダーティリードの例（※矢印はトランザクションの時間の流れ、以降同）

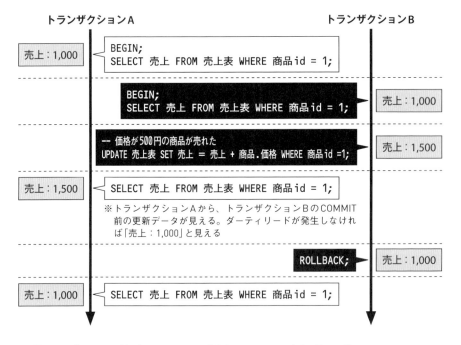

■ファジーリード（Fuzzy Read/Nonrepeatable Read）

ファジーリードはノンリピータブルリードとも言います。ダーティリードと違い、ほかのトランザクションのコミットしていないデータは見えません。しかし、トランザクションの途中にほかのトランザクションがコミットした変更が見えてしまいます（図14.2、図14.3）。

図14.2 ファジーリードの例（read committed）

図14.3 図14.2でファジーリードが発生しない場合（repeatable read）

第14章 ロックの功罪

コミットされたデータのみのため、ダーティリードのときのような不整合は起きませんが、並列処理のときに意識する必要があることは変わりません。

PostgreSQLのデフォルトのトランザクション分離レベルはread committedのため、ファジーリードは発生しますが、MySQLのデフォルトはrepeatable readのため、トランザクション分離レベルを変更しない限りは発生しません。デフォルトのトランザクション分離レベルは重要な違いですので、利用しているRDBMSの設定は確認しておきましょう。

■ファントムリード（Phantom Read）

ファントムリードはほかのトランザクションがコミットした追加・削除が見えてしまう現象です（**図14.4**）。

図14.4 ファントムリードの例

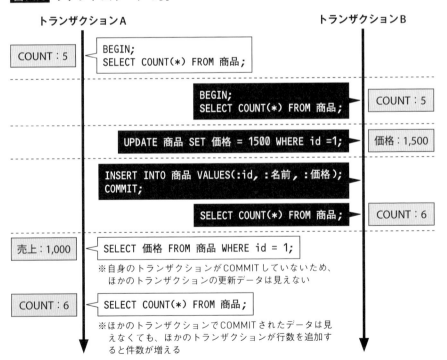

repeatable readにすることでファジーリードは防げますが、このファントムリードは防げません。

■ロストアップデート

ロストアップデートは、複数のトランザクションで更新が並列に行われた場合、あとに実行されたトランザクションで結果が上書きされる現象です（図14.5）[注1]。

図14.5 ロストアップデートの例（repeatable readの場合）

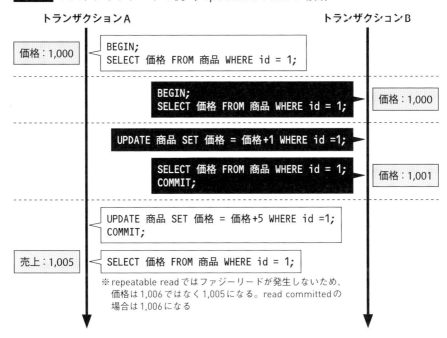

ロストアップデートはトランザクション分離レベルによって振る舞いが変わります。repeatable readを設定しているときは図14.5のように後

注1）「漢のコンピュータ道　InnoDBのREPEATABLE READにおけるLocking Readについての注意点」 URL http://nippondanji.blogspot.com/2013/12/innodbrepeatable-readlocking-read.html

勝ちで、完全に上書きになります。read committedの場合は、

```
UPDATE 商品 SET 価格 = 価格+5 WHERE id =1;
```

のようなSQLであればほかのトランザクションのCOMMIT後の値が参照できるため、足し算した結果が保存されます。

　このように、ロストアップデートの振る舞いはトランザクション分離レベルによって変わるため、アンチパターンの例のように運用途中で変更した場合は在庫の値がずれるなど、SQLの結果が意図せず変更されることがあります。とくに、repeatable readがデフォルトのMySQLとread committedがデフォルトのPostgreSQLを併用して運用する場合、よく起こるミスです。

14.3 「アンチパターンを生まないためには？

今回のアンチパターンは在庫数の違いとして現れました。読者のみなさんは、ファントムリードが原因であることにお気づきになっていることでしょう。しかしMySQLのデフォルトはrepeatable readであり、もともとファントムリードは防げないのでは？と疑問を持ったことでしょう。

MySQLとPostgreSQLのrepeatable read

なんと、9.1以降のPostgreSQLとMySQLは、repeatable readでも基本的にファントムリードは発生しません[注2]。そのため、今回の例ではトランザクション分離レベルをread committedに変更したことでファントムリードが発生するようになったのです。

このように、repeatable readでもファントムリードが起きないRDBMSもあり、バグの原因になりますので覚えておきましょう。

ただし、MySQLは`SELECT ... FOR UPDATE`でロックを取得している場合、repeatable readを利用していても直近にコミットされたレコードを返します[注3]。併せて、こちらも覚えておきましょう。

並列処理で正しくデータを守るには

トランザクション同士のデータの一貫性を保つには、前述したとおり、トランザクション分離レベルにserializableを設定して直列処理で順

注2）「Hatena Developer Blog　トランザクション分離レベルの古典的論文 A Critique of ANSI SQL Isolation Levels を読む」
　　　URL http://developer.hatenastaff.com/entry/2017/06/21/100000
注3）「日々の覚書　MySQLのSELECT .. FOR UPDATEはREPEATABLE-READでも直近にコミットされたレコードを返す」
　　　URL https://yoku0825.blogspot.com/2017/05/mysqlselect-for-updaterepeatable-read.html?spref=tw

番に処理するほかありません。しかしながら、多くのアプリケーションではパフォーマンス上の課題として並列処理を求められます。

では、並列度を維持しながらデータの一貫性を担保するにはどうすれば良いのでしょうか。みなさんもうお気づきですね、そうです。ロックはそのためにあります。

ファジーリードなどを防ぐには、排他ロックを取得すればCOMMITするまで参照も待たせられます。repeatable readを設定している場合にロストアップデートを防ぐためには、図14.6のように`SELECT ... FOR UPDATE`で排他ロックを取得しましょう。

図14.6 repeatable readの状態でロストアップデートを防ぐ

```
-- トランザクションA
mysql> BEGIN;
mysql> SELECT * FROM demo2 WHERE id = 1 FOR UPDATE;
+----+-----+
| id | num |
+----+-----+
|  1 |  10 |
+----+-----+

-- トランザクションB
mysql> BEGIN;
mysql> SELECT * FROM demo2 WHERE id = 1 FOR UPDATE;
-- トランザクションAがCOMMITされるまでブロックされる

-- トランザクションA
mysql> UPDATE demo2 SET num = num + 100 WHERE id = 1;
mysql> COMMIT;

-- トランザクションBの結果が返ってくる
mysql> SELECT * FROM demo2 WHERE id = 1 FOR UPDATE;
+----+-----+
| id | num |
+----+-----+
|  1 | 110 |
+----+-----+
1 row in set (35.91 sec)
```

このようにロックを適切に使うことで、並列度を上げたトランザクション分離レベルでもデータを正しく守ることができるのです。

14.4 アンチパターンのポイント

　今回のアンチパターンのポイントは、ロックによるパフォーマンス問題に対して、RDBMSの肝とも言えるトランザクション分離レベルを理解せず、安易に変更したことです。また、RDBMSの並列処理についての知識不足もあったでしょう。

　並列処理はいたるところに存在しています。今回の例のような非同期処理による並列処理以外にも、ECサイトのカートのように複数のブラウザや端末で同じアカウントを操作してアプリケーションを動作させる並列処理もあります。みなさんのアプリケーションでは、複数のブラウザで同時に買い物ボタンを押したときを想定し、在庫数の減算処理に正しくロックをかけていますか？　RDBMSの特性を理解していない場合、並列処理の部分で問題が発生します。正しくトランザクションを理解し、ロックを使いこなしましょう。

　ただし、当然ながらロックの多用は並列度を下げ、パフォーマンスの問題になります。題名の「ロックの功罪」とはまさに、この毒にも薬にもなるロックの責務のことなのです。

　本章では第13章の「知らないロック」と併せて、ロックを取り扱いました。繰り返しになりますが、ACIDはRDBMSの本質とも言える大事な要素であり、その中心にあるロックは大切なしくみです。ドキュメントを読み、手を実際に動かし、正しい知識を身に着けましょう。

第 **15** 章

▶ 簡単過ぎる不整合

15.1 アンチパターンの解説
15.2 非正規化の誘惑
15.3 アンチパターンを生まないためには？
15.4 アンチパターンのポイント
Column 非正規化と履歴データの違い

第15章 簡単過ぎる不整合

15.1 アンチパターンの解説

　本書では度々データを守る重要性を説いていますが、逆に最も簡単にデータを壊す方法は非正規化を行うことです。しかしながら、パフォーマンスの問題などで非正規化を利用したくなるケースは実際にあります。非正規化は劇薬であるということを理解したうえで利用するのであればいいのですが、最初から検討するのは間違いです。そんな非正規化の罠について今回はお話します。

事の始まり

　レストランの予約システムに機能追加を試みる開発者2人。Aさんの難題にBさんは応えようとするが……。

開発者A：ユーザが予約するとき、同伴者の情報も入れられるようにしといて。
開発者B：わかりました（同伴者テーブルを作るのは面倒だな。予約テーブルにカラム1つ追加するだけで良さそうだから、同伴者カラムを追加しよう）。
　——翌日——
開発者A：あれ？　このシステム、同伴者1名しか入れられないじゃん。3人まで入れられるようにしてよ。
開発者B：わかりました（昨日はそんなこと言ってなかったじゃん……、カラム追加するか）。
　——一週間後——
開発者A：予約のキャンセル機能に、特定の同伴者だけを削除する機能が必要になった。
開発者B：わかりました（結構面倒なしくみになるな……）。

開発者A：さらに言うと、同伴者がサイト会員だった場合は、自分が同伴者として予約されたときに情報も見れるようにしたいね。

開発者B：わかりました（これどうやって対応しよう……、とりあえず名前検索で対応するか）。

何が問題か

　今回のパターンの一番の問題は、テーブルを分けたほうが良いことを理解しておきながらも、実装の都合を優先して非正規化したことです。最初に予約用同伴者テーブルを作成しておけば、複数人対応もキャンセル対応も会員化した際の予約情報の表示対応も、シンプルに対応できたはずです。

　非正規化したテーブルのデータの整合性は、アプリケーションで担保するしかありません。つまりアプリケーションにバグがあった場合、簡単にデータが壊れてしまいます。

　バグは、システム的な誤りとビジネスロジックに対する実装不足の2点がありますが、後者はビジネスロジックが複雑になればなるほど生まれやすくなります。読者のみなさんも、普段から複雑なビジネスロジックと戦っているのではないでしょうか。そのようなときに非正規化を行っていると、簡単にデータが壊れます。今回はそんな非正規化の誘惑と、それが引き起こす問題について取り上げていきます。

15.2 非正規化の誘惑

非正規化したい場面

読者のみなさんはどのようなタイミングで非正規化をしたいと感じるでしょうか。筆者が考えるところでは大きく3つあります。

- テーブルを作って正規化をするのが面倒なとき
- 外部キー制約によってデッドロックなどが発生しているとき
- 正規化によってJOINのコストが高くなり、パフォーマンスに問題が出ているとき

■テーブルを作って正規化をするのが面倒なとき

今回の例のパターンですが、これは言語道断です。手間を惜しんだために大きな技術的負債を作っています。たとえば、今回の例を簡単なテーブルで再現すると図15.1のようになるでしょう。

図15.1 レストランの予約システムのテーブル

```
postgres=# SELECT * FROM reserve;
 id | party_id | 申込者 | 同伴者1 | 同伴者2 | 同伴者3 |         予約日
----+----------+--------+---------+---------+---------+------------------------
  1 |        1 | hoge   | fuga    |         |         | 2019-01-14 13:54:14.517217
  2 |        2 | foo    | bar     | hoge1   | hoge2   | 2019-01-14 13:54:14.517217
  3 |        1 | hoge2  | fuga    |         |         | 2019-01-14 13:54:14.517217
  4 |        2 | foo    |         | hoge1   | hoge2   | 2019-01-14 13:54:14.517217
(4 rows)
```

このテーブルで同伴者fugaを検索したい場合は図15.2のようなSQLになります。

図15.2 図15.1のテーブルで同伴者fugaを検索

```
postgres=# SELECT * FROM reserve WHERE ("同伴者1"='fuga' OR "同伴者2"='fuga' OR
"同伴者3"='fuga');
 id | party_id | 申込者 | 同伴者1 | 同伴者2 | 同伴者3 |          予約日
----+----------+--------+---------+---------+---------+----------------------------
  1 |        1 | hoge   | fuga    |         |         | 2019-01-14 13:54:14.517217
  3 |        1 | hoge2  | fuga    |         |         | 2019-01-14 13:54:14.517217
(2 rows)
```

見てもわかるように同伴者を検索するSQLが複雑になります。

では、id=2の同伴者1であるbarさんがキャンセルしたいとなったら、どうなるでしょう？ id=4のように、同伴者1がnullになってしまいます。このような設計はマルチカラムアトリビュートという「SQLアンチパターン」です。

また、この状態でfugaさんが会員になったときの機能追加を考えてみてください。こうなってくると、データが簡単に壊れることが想像できることでしょう。手抜きで正規化を怠ることは、絶対にやってはいけないことです。

■外部キー制約によってデッドロックなどが発生しているとき

このケースは、外部キー制約を外すことに加え、非正規化することによって対処している現場が多いように思えます。

第13、14章でロックについて学んだみなさんはお気づきのように、これは親テーブルに対して正しく共有ロックを取っていれば防げる問題です。そのため外部キー制約を外したり非正規化したりすることは、アンチパターンと言えるでしょう。

■正規化によってJOINのコストが高くなり、パフォーマンスに問題が出ているとき

これはケースバイケースと言える難しい問題です。ですが多くの場合、正しくテーブル設計がされていれば自動的に正規化もされているはずですし、正規化したほうがRDBMSのパフォーマンスは有利になるは

ずです。なぜかと言うと、正規化を行えば重複はなくなり、データの全体量は少なくなるからです。そうなればメモリに載りやすくなり、RDBMSとしては高速に処理しやすくなります。

しかしそれでも、正規化によってJOINが大きく問題になるケースはあります。そこでこの問題については次の項でより詳しく深掘りしていきましょう。

データの不整合と速度の等価交換

前項の正規化とパフォーマンスの問題は、2つのパターンに分けられます。

1つめはN：Nのリレーションを表現するために交差テーブルを用意しているパターンです。もちろん、交差テーブルを設けるような場合もINDEXが有効に使えていれば問題にはなりませんが、データ量が多くなったり、カーディナリティに偏りが出たりしたことで著しくパフォーマンスが劣化する場合があります。

もう1つがJOINが多段になっている場合です。第3章「やり過ぎたJOIN」でもお話しましたが、JOINは掛け算です。たとえば、5個や10個のJOINが発生している場合、1つでもINDEXが利用できていないカラムがあると、パフォーマンスが著しく悪くなることは想像に難しくありません。

ではどうすれば良いのでしょうか。その答えは非正規化ではなく、多くの場合では「キャッシュの活用」となるでしょう。

PostgreSQLにはマテリアライズド・ビューという、クエリの結果をテーブルの実体として保存する機能があります。これは上記のような問題を解決してくれる機能です。このほかにも、アプリケーションキャッシュやNoSQLなどの選択肢があります。どの手法を選択するかは参照整合性とのバランスで決まりますが、厳密な整合性が必要であればあるほど、非正規化はするべきではありません。

しかしながら、キャッシュの多用も考えものです。このキャッシュの魔力については第16章「キャッシュ中毒」で説明します。

15.3 「アンチパターンを生まないためには？」

過剰な正規化はJOINが多段で必要になり、パフォーマンスに不利なことは前述しましたが、正規化の階層を、整合性を保ったまま1つ減らす方法があります。それがCHECK制約です。

非正規化の代替案その1：CHECK制約

たとえば図15.3のようなアンケートのテーブルがあるとします。「そのほか」列には「好きなデータベース」の回答が「それ以外」だったときに値が保存されます。

図15.3　アンケートのテーブル

```
postgres=# SELECT * FROM "アンケート";
 id |  回答者   | 好きなデータベース |  そのほか
----+----------+------------------+---------
  1 | soudai   | PostgreSQL       |
  2 | sone     | MySQL            |
  3 | taketomo | OracleDB         | SQLite    ← 不整合
  4 | test     | SQL Server       |
  5 | hoge     | それ以外          | Db2
```

しかし、id=3の「そのほか」列に不正な値が入っています。これは正規化が足りていない証拠です。実際には図15.4のようなテーブルになるでしょう。

図15.4 図15.3のテーブルを正規化

```
postgres=# SELECT * FROM "アンケート";
 id |  回答者   | 好きなデータベース
----+-----------+--------------------
  1 | soudai    | PostgreSQL
  2 | sone      | MySQL
  3 | taketomo  | OracleDB
  4 | test      | SQL Server
  5 | hoge      | Db2

postgres=# SELECT * FROM "データベースの種類";
 id |  DBの種類   |   回答
----+-------------+-------------
  1 | PostgreSQL  | PostgreSQL
  2 | MySQL       | MySQL
  3 | OracleDB    | OracleDB
  4 | SQL Server  | SQL Server
  5 | Db2         | それ以外
  6 | SQLite      | それ以外
```

このように、「アンケート」テーブルの「好きなデータベース」列は、「データベースの種類」テーブルを親とした外部キー制約を作ることで、データの不整合を防げます。

では、正規化と同じ制約をCHECK制約を利用して再現してみましょう（図15.5）。

図15.5 正規化の制約をCHECK制約を利用して再現

```
postgres=# CREATE TABLE enquete
postgres-# (
postgres(# id serial NOT NULL ,
postgres(# "回答者" text NOT NULL,
postgres(# "好きなデータベース" text NOT NULL,
postgres(# "そのほか" text NOT NULL CHECK
postgres(#   (CASE
postgres(# WHEN "好きなデータベース"!='それ以外' AND "そのほか"='' THEN ↲
TRUE
postgres(# WHEN "好きなデータベース"='それ以外' AND "そのほか"!='' THEN ↲
TRUE
postgres(#   ELSE FALSE
postgres(# END)
postgres(# );
```

```
CREATE TABLE
postgres=# INSERT INTO enquete ("id","回答者","好きなデータベース",
"そのほか") VALUES
postgres-# (1, 'soudai', 'PostgreSQL', ''),(2, 'sone', 'MySQL', '');
INSERT 0 2
-- 好きなデータベースがそのほかのとき以外はエラーになる
postgres=# INSERT INTO enquete ("id","回答者","好きなデータベース",
"そのほか") VALUES (3, 'taketomo', 'OracleDB', 'SQLite');
ERROR:  new row for relation "enquete" violates check constraint
"enquete_check"
DETAIL:  Failing row contains (3, taketomo, OracleDB, SQLite).
-- 好きなデータベースがそのほかのときに空白でもエラーになる
postgres=# INSERT INTO enquete ("id","回答者","好きなデータベース",
"そのほか") VALUES (3, 'taketomo', 'そのほか', '');
ERROR:  new row for relation "enquete" violates check constraint
"enquete_check"
DETAIL:  Failing row contains (3, taketomo, そのほか, ).
-- 正しくそのほかを登録する
postgres=# INSERT INTO enquete ("id","回答者","好きなデータベース",
"そのほか") VALUES (3, 'taketomo', 'そのほか', 'Db2');
INSERT 0 1
postgres=# SELECT * FROM enquete;
 id |  回答者  | 好きなデータベース | そのほか
----+----------+--------------------+----------
  1 | soudai   | PostgreSQL         |
  2 | sone     | MySQL              |
  3 | taketomo | そのほか           | Db2
(3 rows)
```

　このように、CHECK制約を利用することでデータを確実に守りながら不要なテーブルを減らせます。

非正規化の代替案その2:ENUM型

　CHECK制約と類似した方法としてENUM型があります。ENUM型とCHECK制約の大きく違う点は、ENUM型は順序を持つ点です。たとえば都道府県データは、北海道から沖縄まで都道府県の順に並べたいユースケースがあります。その場合は、県名を使うと思ったようなソートになりません。しかしENUM型は宣言された順にソートされるため、

第15章 簡単過ぎる不整合

```
CREATE TABLE 県（県名 enum('北海道','青森','岩手' .... '沖縄');
```

と北海道から順に指定していくと、**ORDER BY 県名**を実行した際に意図したソートにすることができます。

このように、順序も含めて値を指定した場合はCHECK制約よりも効果を発揮する場合があります。

CHECK制約、ENUM型に共通することは、制約条件が暗黙的になりやすく、更新にはALTERが必要になることです。この問題はまさに第9章「強過ぎる制約」の問題です。繰り返しになりますが、どちらも多用は厳禁です。正規化できる場合は正規化を行いましょう。

また注意点として、MySQL 8.0.16未満では、**CREATE CHECK**のクエリがエラーにならないにもかかわらず、CHECK制約自体は実装されていません。MySQLの場合は正しく正規化を考え、場合によってはボイスコッド正規化や第5正規化を検討しましょう。

15.4 アンチパターンのポイント

　今回のアンチパターンのポイントは安易に非正規化を行ったことです。RDBは正規化に始まり正規化に終わるといっても過言ではありません。リレーショナルデータベースはリレーショナルモデルに基づいて設計するように作られており、その延長線上に正規化があるのです。

　また今回の例のように、実装都合で非正規化をしたことで技術的負債としてあとあと利子を払うことになることも、このアンチパターンの特徴です。一度データの不整合が始まってしまうと、解決することは容易ではありません。非正規化は基本的には行わず、必要になったタイミングではデータベースの設計に問題がないか、ほかの代替手段はないかをよく検討してください。多くのケースの場合、テーブル設計の見直しやキャッシュ戦略などで解決します。

　このように非正規化は、手を出したことによって失うものが多く、一番簡単にRDBの整合性を奪う手段です。ただ、非正規化には代替手段があります。このことを念頭に置き、RDBMSの論理設計を行うようにしましょう。

Column 非正規化と履歴データの違い

本文では非正規化は悪だと話をしてきましたが、「重複があるため一見すると非正規化に見えるが違う」というケースがあります。それが履歴データです。たとえば図15.6のようなコメント履歴データは、非正規化に見えますが非正規化ではありません。

図15.6 掲示板のコメント履歴データ

```
postgres=# SELECT * FROM "掲示板";
 comment_id |  名前  |     掲示板      |      コメント       |     作成日時
------------+--------+-----------------+---------------------+------------------
          5 | soudai | RDBアンチパターン | 非正規化はだめ        | 2019-01-14 14:12
          6 | soudai | RDBアンチパターン | やっぱ正規化めんどくさい | 2019-01-15 14:12
          7 | soudai | RDBアンチパターン | 非正規化だめ絶対！     | 2019-01-16 14:12
          8 | sone   | RDBアンチパターン | 正規化すべきだと思う    | 2019-01-17 14:26
```

一見するとこのデータは、名前と掲示板を複合ユニークキーにして、コメントをUPDATEしながら利用するべきだと思うことでしょう。しかし、そうしてしまうと過去の履歴、つまり歴史を失ってしまいます。これはまさに第2章「失われた事実」と同じ話になります。

この設計の場合、変更があった場合は列をUPDATEするのではなく、行として追加する必要があります。これはイベントソーシングと言われる設計です。データを取り出す場合は図15.7のようなSQLになります。

15.4 アンチパターンのポイント

図15.7 図15.6のテーブルからデータを取り出すSQL

```
-- 最新の1件目を取ってくる場合
postgres=# SELECT * FROM 掲示板 WHERE "名前" = 'soudai' ORDER BY
comment_id DESC LIMIT 1;
 comment_id |  名前  |      掲示板       |     コメント     |      作成日時
------------+--------+-------------------+------------------+---------------------
          7 | soudai | RDBアンチパターン | 非正規化だめ絶対！ | 2019-01-16 14:12
(1 row)

-- ほかの人の最新のコメントを取得する場合
postgres=# SELECT
postgres=#   *
postgres=# FROM
postgres=#   comment
postgres=# WHERE
postgres=#   comment_id in (
postgres=#     SELECT
postgres=#       max(comment_id) as comment_id
postgres=#     FROM
postgres=#       comment
postgres=#     WHERE 名前 != 'hoge'
postgres=#     GROUP BY
postgres=#       名前
postgres=#   )
 id |  名前  |      掲示板       |      コメント      |      作成日時
----+--------+-------------------+--------------------+---------------------
  7 | soudai | RDBアンチパターン | 非正規化だめ絶対！  | 2019-01-16 14:12
  8 | sone   | RDBアンチパターン | 正規化すべきだと思う | 2019-01-17 14:26
(2 rows)
```

　ただし、これはレコード数が増えやすい設計ですので、レコード数がどのくらいになるかを想定しておく必要があります。場合によっては、RDBMSのパーティションも併せて検討すると良いでしょう。
　このように非正規化に見えても非正規化でないデータもあります。これを勘違いして間違った正規化をしてしまうと、更新時に過去の事実を失う設計となりますので注意しましょう。

第 16 章

▶ キャッシュ中毒

16.1 アンチパターンの解説
16.2 キャッシュについて知る
16.3 アンチパターンを生まないためには？
16.4 アンチパターンのポイント

第16章 キャッシュ中毒

16.1 アンチパターンの解説

　キャッシュは一度利用したデータを保存しておき、再度同様のリクエストがあった際に保存しておいたデータを再利用することで計算処理を省略するしくみです。一般的に、キャッシュの利用は劇的なパフォーマンス向上をもたらします。大規模サービスでは必要不可欠とも言え、RDBMSの苦手な部分を結果整合性[注1]によってカバーできるという相性の良さもありますが、その半面、システムアーキテクチャの複雑度を大きく上げ、運用において度々問題のもとになります。そんなキャッシュの魅力と罠についてお話します。

事の始まり

　とあるソーシャルゲームの開発風景。

開発者A：ゲームクリアのランキング機能の実装、SQLが複雑だから表示に時間がかかるようになってきましたね。
開発者B：リアルタイムに反映させる必要はないし、キャッシュさせるか……。
　——実装後——
開発者A：実装できました。表示がとても早くなりましたね！
開発者B：キャッシュさせるとパフォーマンスが劇的に良くなるね。これでランキング機能は大丈夫そうだな。
　——数日後——
開発者A：今の機能に「ポイント集計とその履歴の表示機能」を追加するとなると、どうしてもSQLが複雑になるので、表示も遅くな

注1) URL https://ja.wikipedia.org/wiki/結果整合性

るかもしれません。
開発者B：じゃあそれもキャッシュしよう。前回もそれで早くなったし。
　——数ヵ月後——
サポート：ユーザからポイントの表示がおかしいと問い合わせが入っています。
開発者A：うーん……、データがおかしいのか表示されるキャッシュがおかしいのかわからないな。
開発者B：もしかしたら、表示されてはいけないデータが表示されてるのかも？
開発者A：キャッシュで表示は早くなったけど、デバッグがたいへんだ……。

何が問題か

　今回のパターンの一番の問題は、しっかりとした検討を行わずキャッシュの利用を決めたことです。

　1回目のキャッシュ採用では、問題点がランキングの表示速度だと明確にわかっており、その改善策としてキャッシュを利用しました。この場合、キャッシュの利用目的は「ランキング表示の高速化」だけのため、機能自体の振る舞いは変わりませんから、実装で考慮すべき点も少なく済みます。

　しかし2回目のキャッシュ採用では、現時点で速度が問題になっていないにもかかわらず、前回の成功体験からキャッシュの利用を決定してしまいました。本来の目的は、ポイント機能の追加だけです。

　一般的に、こういったポイント機能の実装は複雑になりやすく、ユーザからの問い合わせも集中しやすい機能です。そのため、初期実装のタイミングでトラブルシューティングを行いやすい状態にしておくことがとても大切です。今回は安易にキャッシュを採用したことによって、表示されているデータに問題が起きたときに、キャッシュがおかしいの

第16章 キャッシュ中毒

か、元データがおかしいのか、一時的におかしなデータがキャッシュされたのかなど、問題の切り分けが難しくなってしまいます。

キャッシュは圧倒的な高速化の手段となるため、その魅力に囚われる人も少なくありません。しかし、キャッシュはシステムアーキテクチャの複雑度を増やし、トラブルシューティングの際にしばしば頭を悩ませる存在ともなります。

本章ではキャッシュの魅力と、RDBMSとキャッシュのうまい付き合い方を紹介します。

16.2 キャッシュについて知る

キャッシュは麻薬

　キャッシュは前述のとおり、採用することでデータの参照が高速化されます。これは、省略した計算処理量が多ければ多いほど劇的な効果を発揮します。この効果は絶大で、前述のとおりその効果に魅了される人も少なくありません。また、キャッシュは一度使い始めると辞めることが難しく、魅力と辞めることの難しさ、つまり中毒性の高さから「キャッシュは麻薬」と比喩されることもあります。

　そんなキャッシュですが、デメリットもあります。キャッシュ全体に言えるデメリットとしては次のようなものがあります。

- キャッシュしたデータの状態を意識することが難しく、参照時にどの状態なのかコード側からは直感的に把握し辛い
  - キャッシュと元データの整合性を合わせる必要がある
  - キャッシュの生存期間を決める必要がある
  - キャッシュを正しく読み取る必要がある
- キャッシュしたデータのデバッグが難しく、どのデータがキャッシュされているかを把握し辛い
  - 参照されたタイミングのキャッシュがどのデータか把握が難しい
  - どのデータがキャッシュされたか把握が難しい
  - どこまでキャッシュされているのかの把握が難しい
  - 意図しない結果となった場合、原因がキャッシュなのか元データの破損なのか判断が難しい

　どのデータがキャッシュされ、どのキャッシュが利用されているのか把握し辛いため、たとえばトラブル時にはトラブルシューティングの難

第16章 キャッシュ中毒

易度が上がります。場合によってはシステム全体に対する理解が必要とされるでしょう。

キャッシュが有効活用されている「キャッシュが効いてる」状態は非常に効果的なのですが、いざトラブルが発生した際にキャッシュが毒となってエンジニアを苦しめる姿は、まさに麻薬という表現のとおりでしょう。

キャッシュの種類

キャッシュと一口に言っても多くの種類があります。今回の例ではどんなキャッシュを利用したかを明記していませんが、種類によらずキャッシュの利用には同じようなメリット・デメリットがあります。ただし、高速化をどの「レイヤ」で実現しているかという点に違いがあります。そこでRDBMSから見て近いレイヤから順に、キャッシュの説明をしていきます。

■クエリキャッシュ

クエリキャッシュは、「実行されたSQLが同じなら結果も同じになるはず。ならばRDBMS側で前回の実行結果を返しましょう」というものです（**図16.1**）。

図16.1 クエリキャッシュ

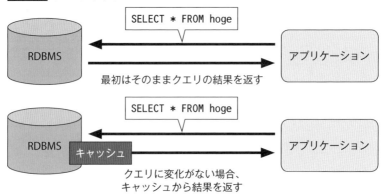

クエリキャッシュはRDBMSの計算処理を省略してくれますが、アプリケーションレイヤの処理速度は変わりません。そのため、アプリケーション自体の高速化にはなりませんが、RDBMSのレスポンスはすばやく返ってきます。今回の例のランキングのように、クエリの速度が問題の場合は効果が期待できるでしょう。

しかし、クエリキャッシュには次のようなデメリットがあります。

- 実行されたクエリの結果が、キャッシュなのか最新情報なのかわからない
- テーブルが更新されるとキャッシュとして不適切なため、クエリキャッシュはクリアされる
- まったく同じクエリでなければキャッシュされない

つまり、頻繁に更新されるテーブルではクエリキャッシュは効果が薄く、むしろパフォーマンスが落ちます。

またまったく更新がされないテーブルの場合、そのデータはRDBMSのクエリキャッシュよりも後述のアプリケーションやほかのデータストアなどに持たせたほうが効率が良いです。

以上のことから、RDBMSのクエリキャッシュは基本的に利用されていません。

たとえば、MySQLはクエリキャッシュを昔からサポートしていました。そのため使ったことがある方も多いのではないでしょうか。しかしMySQL 5.6からはデフォルトで無効になり、MySQL 8.0からは機能から削除されました。PostgreSQLでは、サードパーティのpgpool-IIを使えばクエリキャッシュを使えますが、本体の機能としてはサポートしていません。

結論として、RDBMS側のクエリキャッシュを使う理由は少ないと言えるでしょう。

第16章 キャッシュ中毒

■マテリアライズド・ビューとサマリーテーブル

マテリアライズド・ビューは実体のあるビューです。つまり、実行されたSQLの結果をテーブルとして保存している状態です。そのためマテリアライズド・ビューにはINDEXを貼ったり、マテリアライズド・ビューに対して新たなクエリを実行できたりします（**図16.2**）。

図16.2 マテリアライズド・ビュー

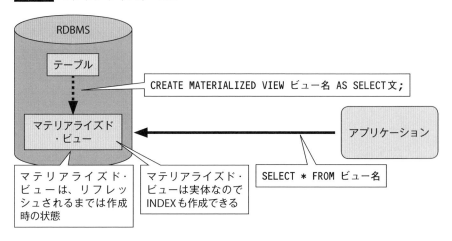

マテリアライズド・ビューは使いこなすと強力で、第15章「簡単過ぎる不整合」で紹介した、非正規化を行いたいような多段のJOINやサブクエリなどに対して効果があります。また集計結果に対してINDEXを貼れるため、JOIN後のデータに対して検索するようなクエリもチューニングすることができます。

ただし、マテリアライズド・ビューもクエリキャッシュと同様に、RDBMSの処理だけを省略するためアプリケーションレイヤの高速化にはなりません。

MySQLでは、執筆時点の次期バージョン8.0.16でもマテリアライズド・ビューが実装される予定はなく、自分で集計結果後のテーブルを作る「サマリーテーブル」で代用します。その場合、リフレッシュの処理はアプリケーション側で実装する必要があります。それに対し、

PostgreSQLは9.3からマテリアライズド・ビューの機能を持っています。ただし、PostgreSQL 11の時点ではOracle Databaseといった商用DBのような差分更新はできません。このようにマテリアライズド・ビューは強力な機能ですが、OSSのDBではまだまだ発展途上な機能です。

マテリアライズド・ビューのデメリットとして、一般的に重いクエリをマテリアライズド・ビューにするため、必然的にマテリアライズド・ビューのリフレッシュの処理も遅くなります。そのため、クエリキャッシュ同様に頻繁にマテリアライズド・ビューを更新する必要があるようなケースでは、逆にパフォーマンスが落ちることがあります。

マテリアライズド・ビューをもとに新たなマテリアライズド・ビューも作れますが、それはキャッシュを多段に持つことになり、複雑度が掛け算のように上がっていきます。よほど正当な理由がない限り、マテリアライズド・ビューの多段化はやめましょう。これは筆者が最も後悔したRDBの設計の1つで、間違いなくアンチパターンです。

■アプリケーションキャッシュ

サーバサイドキャッシュとも言います。昨今はWebアプリケーションフレームワークがサポートしていることが多く、一度RDBMSから取得したデータや作成したデータをアプリケーションのキャッシュとして利用できます。場合によっては作成したHTMLを丸ごとキャッシュし、再度リクエストが来た場合はそれを返すことで、アプリケーションのほとんどの処理を省略できます。

このように、アプリケーションキャッシュは前述のRDBMS側のキャッシュよりも柔軟で、利用用途も幅広いため一番多く使われるキャッシュです。RDBMSの処理だけでなく、アプリケーションの処理も省略するため高速に処理できます。

キャッシュの保存先としては、アプリケーションのプロセス内、ファイル、memcached、Redisなどがありますが、基本的には高速なストレージと高速に取り出せるしくみを利用することが多いため、RDBMSに保存するよりも高速になります（**図16.3**、**図16.4**）。

第16章 キャッシュ中毒

図16.3 アプリケーションキャッシュ(キャッシュの作成)

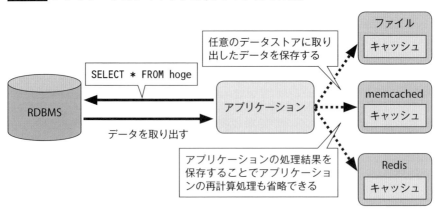

図16.4 アプリケーションキャッシュ(キャッシュの利用)

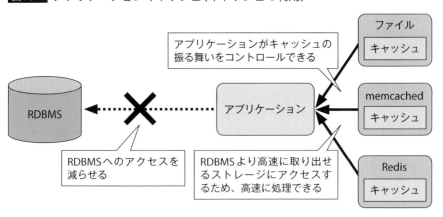

memcachedを利用するケースでは、Webサーバのローカルにmemcachedを用意してUNIXドメインソケットで通信することで、通信コストも極小化できます。またRedisは、第6章のコラム「RDBを補う存在、Redis」でも紹介しましたが、ソート型やRedis自体の高速性からRDBMSの苦手な部分をカバーでき、キャッシュ以外にもRDBMSと合わせて使うことが多いミドルウェアです。

このように、汎用的で自由度の高いアプリケーションキャッシュです

が、ほかのキャッシュと同様に状態の管理は容易ではなく、また簡単に作成・呼び出しが行えることから意図しないキャッシュを呼び出しがちになり、別の会員の情報のような「見えてはいけないデータ」が見えてしまうケースもあります。

アプリケーションキャッシュはキャッシュの中でも劇薬と言えるでしょう。

■そのほかのキャッシュ

そのほか、アプリケーションよりもクライアント側に近いところでは、Content Delivery Network（CDN）やHTTPアクセラレータ「Varnish」を利用したHTTPレイヤのキャッシュ、Progressive Web Apps（PWA）を始めとしたブラウザや端末のローカルストレージを利用したキャッシュなどがあります（**図16.5**）。

図16.5 そのほかのキャッシュ（CDNとPWA）

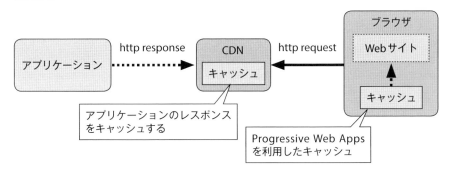

また、アプリケーションよりも下のOSレイヤでもページキャッシュを始めとした多くのキャッシュのしくみが利用されていますし、DNSやCPUにもキャッシュのしくみがあります。キャッシュはさまざまなところで使われており、便利なしくみであることは間違いありませんが、安易に使うと複雑な問題を生むことになります。そのため速度面で問題がないのであれば基本的に使う必要はないでしょう。

キャッシュのトラブル

　章冒頭でも触れたとおり、キャッシュの問題点はキャッシュの状態管理や参照範囲のコントロールなどが難しく、システムアーキテクチャの複雑度が上がることです。ではキャッシュを利用した場合、どのようなトラブルが想定されるでしょうか。よく見られるトラブル例を見ていきましょう。

■消えたキャッシュの悪夢

　キャッシュを利用している場合、大きなトラブルのトリガーになるケースにキャッシュの消失があります。

　キャッシュを利用した高速化は強力である反面、アプリケーションがキャッシュありきで構築されている場合、キャッシュがなんらかの理由で消失した際には負荷がさばききれず、saturation（飽和）を起こします。一度キャッシュが消失すると、再度キャッシュを生成するまでサービス障害が続き、多くの場合サービスが停止してしまいます。

　キャッシュが消失する原因はいくつかありますが、よくあるケースとしてはハードウェアやソフトウェアが原因で、キャッシュを保存しているストレージが稼働しなくなった場合です。この具体例としてはmixiの大規模障害[注2]があります。こういった場面では、ストレージの復旧並びにキャッシュの再生成、場合によってはデータ不整合の調整など、復旧に多くの労力が必要になります。

■見えてはいけないデータ

　キャッシュを利用した場合のもう1つのケースが、「見えてはいけないデータが見えてしまう」ことです。

　アプリケーションを実装するコード側からは、取り出すであろうキャッシュ上のデータの状態は見えないため、意図しないデータを参照

注2）「mixi大規模障害について」 URL▶ https://alpha.mixi.co.jp/entry/2010/10731/

していることがあります。

　このトラブルの難しいところは、例外やシステム障害が発生しないため、自動テストやモニタリングでは気づきにくいことです。それにもかかわらず、たとえばほかのユーザのログイン情報など見えてはいけないデータが表示されるといった、クリティカルな障害になることが多いのが特徴です。実際の例としては、メルカリでCDNを利用したキャッシュが個人情報流出[注3]の原因になったことがあります。

　このように、キャッシュの状態が見えないことで意図せずデータが表示される例は珍しくなく、キャッシュの難しさを物語っています。

注3）「CDN切り替え作業における、Web版メルカリの個人情報流出の原因につきまして」
　　URL https://tech.mercari.com/entry/2017/06/22/204500

16.3 「アンチパターンを生まないためには？」

　キャッシュの種類や特徴を掴み、その難しさを理解したところで、今後どのようにキャッシュと付き合っていくのが良いのでしょうか。キャッシュを利用する場合はしっかりとキャッシュ戦略を立て、トラブルを未然に防ぐことが大切です。実際に検討する必要がある項目を挙げてみたいと思います。

- キャッシュヒット率や更新頻度を推測、計測する
- キャッシュの対象と範囲を見極める
- キャッシュのキーを決める
- キャッシュの生存期間と更新方法を決める

　それぞれの項目について説明していきます。

キャッシュヒット率や更新頻度を推測、計測する

　キャッシュを利用しても、キャッシュヒットしなければ高速化しません。また、元データの更新に対してキャッシュも再生成が必要な場合、元データの更新頻度も重要です。キャッシュの更新が頻発する場合、「クエリキャッシュ」や「マテリアライズド・ビューとサマリーテーブル」の項でも紹介しましたが、逆にパフォーマンスの劣化を招くことがあります。サービスの振る舞いが変わったタイミングでキャッシュのヒット率も変わるということは多々あるため、運用を開始したあとも計測することが重要です。

キャッシュの対象と範囲を見極める

　高いキャッシュヒット率が見込める場合、次はキャッシュする範囲や対象を絞っていきます。キャッシュする範囲は広ければ広いほどストレージ効率が良いのですが、その分取り回しが難しくなり、また更新時の影響範囲も広くなります。そのため、キャッシュの対象と範囲は小さくすることが定石です。

　たとえばランキング機能の場合、全体をまるっとキャッシュするのではなく、デイリーとウィークリー、ジャンル別などで小分けにキャッシュするのが良いでしょう。また、同じページではユーザ別でキャッシュするのも効果的です。キャッシュの範囲と対象の見極めがキャッシュ戦略の成否を決めると言っても過言ではありません。

キャッシュのキーを決める

　キャッシュの対象と範囲を決めたら、次は保存する際のキーを決めます。キャッシュの取り出しはキーをもとにしますから、最も使われるキーでなければなりません。

　たとえば先ほどの例ですとユーザIDかもしれませんし、ランキングの場合は{デイリー | ウィークリー}_ジャンルidのような組み合わせがあるでしょう。

　また、場合によっては同じ値でもキーが違えば、それぞれ別にキャッシュする必要があるかもしれません。そうなると今度は、キャッシュの更新の際に2ヵ所を更新する必要があります。

　このように、キャッシュを保存する際のキーは後々にも大きな影響を与える重要な要素です。キャッシュを取り出す場面をしっかりと想定してキーを決めるようにしましょう。

第16章 キャッシュ中毒

キャッシュの生存期間と更新方法を決める

　最後はキャッシュの生存期間を決めます。基本的には時間経過で消えるように、更新／削除される期限は必ず決めるようにしましょう。永続するキャッシュは運用時に消していいかの判断が難しくなるため、よほどの理由がない限りは生存期間を決めます。

　また、元データが更新された際のキャッシュの更新タイミングについても検討が必要です。どのタイミングで行われても大丈夫なように、冪等性を担保しておく必要があります。任意のタイミングで更新できない場合は、不正なデータがキャッシュに混ざった際に破棄できなくなります。そしてキャッシュが損失したとき、早期にキャッシュを再生成できるように、更新の手順や該当するデータストアの復旧手順は用意しておきましょう。

16.4 アンチパターンのポイント

　今回のアンチパターンのポイントは、キャッシュの魅力に囚われ、キャッシュ戦略を怠ったことです。RDBMSのパフォーマンス問題の多くをキャッシュで解決できることは事実です。しかし、キャッシュは使い方しだいで毒にも薬にもなり、確実にシステムアーキテクチャの複雑度を上げることになります。また、キャッシュのためにミドルウェアを増やすことで障害点や運用する対象も増えてしまいます。そして、キャッシュ戦略はキャッシュが多段になればなるほど複雑になります。

　キャッシュ中毒に陥り、キャッシュを積極的に採用していくと、システムが正常なときは良いのですが、トラブル時に大きな代償を払うことになるのがこのアンチパターンの特徴です。第15章では非正規化の問題はキャッシュ戦略で解決すると言いましたが、安易にキャッシュに頼ることも問題です。ケース・バイ・ケースではありますが、そのバランスをうまく取るのがエンジニアの腕の見せどころと言えるでしょう。

　キャッシュは強力な手法ではありますが銀の弾丸ではありません。論理設計、物理設計の際には、RDBMSで解決できないかをまずしっかりと考えたあとに、それが難しい場合にだけ細心の注意を払ってキャッシュ戦略を練るようにしましょう。

第17章 複雑なクエリ

- 17.1 アンチパターンの解説
- 17.2 複雑なクエリの発端
- 17.3 アンチパターンを生まないためには？
- 17.4 アンチパターンのポイント

第17章 複雑なクエリ

17.1 アンチパターンの解説

　現場で一度は見た経験があると思いますが、本章では複雑で長大になってしまったSQLについてお話します。複雑に絡み合ったプログラミングコードをスパゲティコードと例えることがありますが、それと同様に、複雑なクエリが作られるケースがあります。

　このようなクエリはなぜ生まれるのでしょうか。それにはいろんな背景があり、クエリからその背景を読み解くことで歴史がみえてきます。そんな複雑なクエリ——『SQLアンチパターン』では「スパゲッティクエリ」として紹介されています——の解き方についてお話します。

事の始まり

　先人が残した複雑で長大なスロークエリを読み解こうとする開発者2人。

開発者A：うわ、なんだこのスロークエリ。
開発者B：CASE式とサブクエリの嵐ですね……。
開発者A：なんでこんなクエリになってしまったんだろう？
開発者B：一時的な集計用途ならわかりますけど、このクエリは定期的に実行されてますからね。
開発者A：これだけ複雑になったらテーブルスキャンになるのはしかたないし、クエリを分解していくか。
開発者B：クエリを個別に実行してPHPで結果を加工したほうが速そうですね。

何が問題か

　今回のパターンの要点は2つあります。

　1つめは、なぜこのような複雑なクエリが生まれたのか。複雑なクエリはあるよりも無いほうが良いというのは自明です。もう1つは代替案があるかどうかです。今回の例ではクエリを分解してPHP側でデータを加工する方針になりました。

　多くの場合、1つのクエリで多くの処理をするよりも、責務を分けたほうがひとつひとつの問題が小さくなってスムーズに対応できます。これはアプリケーションコードとまったく同じです。

　本章では複雑なクエリを事前に防ぎ、そして今ある複雑なクエリをいかに紐解いていくかを紹介します。

第17章 複雑なクエリ

17.2 複雑なクエリの発端

複雑なクエリが生まれるには理由があります。その理由はクエリを紐解くことで見えてきますが、おもに次の2つに分けられるでしょう。

- 無知ゆえの豪腕
  スキル不足に起因した、力技による解決としての複雑なクエリ
- 腐ったテーブルの腐ったクエリ
  テーブル設計に問題を抱えており、目的を達成するため結果的に複雑になったクエリ

この2つは、クエリだけを見ると同じものに見えますが、背景はまったく違いますし、対応も変わってきます。では、実際に見つけた際にそれぞれどのように対応すれば良いのでしょうか。

無知ゆえの豪腕

スキル不足がゆえに、力技で目的を達成してしまうケースです。このパターンはSQLだけでなく、プログラミングやシステムアーキテクチャなど多くの個所で発生します。無知ゆえの豪腕を防ぐ方法はいくつかあります。

1つめは有識者によるコードレビューです。コードレビュー時に正しい知識をインプットし、より良い実装に近づけることで防げます。同じようなしくみとして、CI（Continuous Integration）における静的解析による自動チェックもこれに類する例となります。ただ静的解析の場合、大まかな問題については指摘してもらえますが、正しい知識のインプットとしては弱いでしょう。

2つめは制約です。わかりやすい例としてはコーディングルール、効

率の良い例としてはフレームワークの制約です。制約を設けることで選択肢を狭め、無理な実装を防ぎ、無駄な思考を減らす効果があります。

重要なこととして、無知ゆえの豪腕は問題ではあるもののしくみで改善できる問題であり、実装者に対して攻撃的になるべきではありません。なぜならば、誰もが最初は無知なわけですし、経験者であってもすべての技術を熟知しているわけではないからです。

すでに同じ理由で作成された複雑なクエリに対しては、アプリケーションコードと同様にリファクタリングを適宜行っていきましょう。

無知ゆえの豪腕に似た問題として、大きな問題を1つのSQLで解決しようとするケースがあります。これがまさにSQLアンチパターンの「スパゲッティクエリ」です。このパターンも、無知ゆえの豪腕と同様の方法で防いだり、問題を分解してシンプルなSQLを複数回実行したりすることで防げます。

腐ったテーブルの腐ったクエリ

こちらは一筋縄ではいきません。たとえば、SQLアンチパターンである「ジェイウォーク」の例を見てみましょう。ジェイウォーク（信号無視）とは、1つのテキスト型のカラムに対してカンマ区切りなどのデータを保存する手法を言います。

id	name	child_id
1	hoge	1,2,3,4
2	fuga	4,5,6,1
3	foo	7,11,9

たとえば、このテーブルでchild_idに1を含む行を取り出すとしたら、どのようなSQLになるでしょうか。

```
SELECT * FROM table名 WHERE child_id LIKE '%1%';
```

でしょうか。残念ながらこれでは「11」も含まれてしまいます。

第17章 複雑なクエリ

```
SELECT * FROM table名 WHERE child_id LIKE '%,1%';
```

では、child_idの先頭が1の場合が検索できません。

正しいSQLは**リスト17.1**と、複雑なクエリとなってしまいます。

リスト17.1 child_idに1を含む行を取り出すSQL

```
SELECT * FROM table名
  WHERE
    child_id LIKE '%,1,%'  -- カンマ区切りの内部に1を含む
  OR
    child_id LIKE '1,%'    -- カンマ区切りの先頭に1を含む
  OR
    child_id LIKE '%,1     -- カンマ区切りの末尾に1を含む
```

正規化していれば`child_id = 1`と検索するだけで済む問題が、テーブル設計に問題があることで一気に複雑になってしまいます。テーブル設計に問題がある場合、SQLをリファクタリングすることは難しく、データベースリファクタリングを検討する必要がありますが、これはアプリケーションに与える影響も大きく一筋縄ではいきません。

このように、間違ったテーブル設計ではシンプルなクエリを書けないという問題があります。逆に、正しい設計を行えているときはシンプルなクエリが書けると言えるでしょう。複雑なクエリを作らざるを得ないといった場合は、解決したい問題のサイズとテーブル設計を疑ってみてください。

17.3 「アンチパターンを生まないためには？

複雑なクエリには2種類あることがわかりました。時にはこれら2つのハイブリットタイプもあるため、まずは目の前のクエリをほぐして、読み解く必要があります。そこで実際にどのように読み解いていくかを考えていきましょう。

パーツで読み解く

第6章「ソートの依存」でも解説しましたが、SQLの構文評価には順序があります[注1]。

①FROM句
②ON句
③JOIN句
④WHERE句
⑤GROUP BY句
⑥HAVING句
⑦SELECT句
⑧DISTINCT句
⑨ORDER BY句
⑩LIMIT句

SQLを読み解くときも、この評価順にパーツを分けて読み進めると良いでしょう。多段のサブクエリやJOINの場合もそれぞれパーツに分け、同じく評価順にまとめていきます。JOINの振る舞いを知るには、第3章

注1）「PostgreSQL文書　SELECT」 URL https://www.postgresql.jp/document/current/html/sql-select.html

第17章 複雑なクエリ

「やり過ぎたJOIN」の説明の際にも登場したようなベン図を書くのも良いでしょう（**図17.1**）。

図17.1 ベン図

このように、一度パーツごとにわけることで長大で複雑なクエリも振る舞いを理解できます。

意図と背景を読み解く

複雑なクエリの振る舞いを理解したら、次はクエリの意図と背景を読み解いていきましょう。

無知による豪腕の場合は、パーツに分けることで不要なパーツが見えてくることでしょう。そのような個所やパフォーマンスのボトルネックになっているようなパーツを明確化することで、リファクタリングすることができます。

テーブル設計が問題の場合、分けたパーツの中でとくに複雑度の高いパーツがあるはずです。たとえば、関数を複数個使っているようなパーツには問題が潜んでいることが多いでしょう。そのような問題のあるパーツは、今回の例のように別のクエリとして分けてPHPなどで実行結果を加工したほうが取り扱いやすいケースが大半です。

このようにパーツごとに分解し、意図と背景を読み解いていくと、自然とリファクタリングの方向性が見えてきます。

17.4 アンチパターンのポイント

　今回のアンチパターンのポイントは、複雑なクエリとひとくくりにするのではなく、裏にある意図や背景を考えることです。もちろん、技術力不足による複雑化もあるでしょう。しかしそれは、コードレビューを通したスキルアップによって防げます。

　間違ったテーブル設計の上では、頑張ってSQLを書いてもどうしても複雑なクエリになってしまいます。そのようなときはクエリの責務を分け、複数回実行するような形を取るほうが良い結果になります。また、1つのクエリで複数の責務を兼ねている場合も複雑なクエリの原因になります。

　そもそも複雑なクエリを自分が書かなければいけないとき、そのときはテーブル設計を疑いましょう。SQLが書きにくいなというときは、テーブル設計に問題が隠れています。

　このように、複雑なクエリにはいろいろな背景があり、その背景によって対処が変わってきます。現場で複雑なクエリを見かけたときは、負の感情をぶつけるだけではなく当時の背景を読み解くことで、メンタル面にも良い効果が期待できます。

第18章

▶ ノーチェンジ・コンフィグ

18.1	アンチパターンの解説
18.2	コンフィグを知る
18.3	アンチパターンを生まないためには？
18.4	アンチパターンのポイント

第18章 ノーチェンジ・コンフィグ

18.1 アンチパターンの解説

　読者のみなさんの環境のコンフィグ設定は、誰が行っていますか？DBA（データベース管理者）でしょうか。それともインフラエンジニアでしょうか。場合によっては、アプリケーションエンジニアが設定していることもあるでしょう。

　現場では正しく設定されていないコンフィグが散見されます。コンフィグの設定はパフォーマンス、セキュリティなど多くの場所に影響を与える重要な存在です。今回はそんなコンフィグの設定についてお話します。

事の始まり

　別会社に開発を委託していたアプリケーションが納品されたが、パフォーマンス面で不安な点をみつける。

開発者A：この間納品されたアプリケーション、時々詰まりますね。
開発者B：うーん、メモリとかCPU見てもそんなに負荷はないんですけどね。
開発者A：DBで詰まってるのでロックですかね。でもロックを取るようなところはないし、メモリも余裕があるからスワップも出てないんですよね。
開発者B：なんでだろう……？

　実行時パラメータの値を確認するAさん。

```
postgres=# \x
Expanded display is on.
```

```
postgres=# SHOW ALL;
(..略..)
-[ RECORD 149 ]------------------------------------------------
name        | max_connections
setting     | 100
description | Sets the maximum number of concurrent connections.
```

開発者A：ん？　max_connectionsが100しかないぞ。まさか……。

```
-[ RECORD 194 ]------------------------------------------------
name        | shared_buffers
setting     | 128MB
description | Sets the number of shared memory buffers used by the server.
```

開発者B：これ……デフォルトのままじゃないですか。

開発者A：そりゃパフォーマンスも出ないよね。

何が問題か

　今回のパターンの問題は、インフラの構築をした人と運用する人が違う場合に度々発生します。ただ、専任のインフラエンジニアがいる現場は少ないのではないでしょうか。

　PostgreSQLに限らず、デフォルトのコンフィグ設定はminimumに寄せて作られています。そのため、デフォルトのままではハイスペックなサーバを用意したとしてもその効果が得られません。

　このような問題は第11章「見られないエラーログ」と同様、ミドルウェア全般に言える問題です。今回はそんなコンフィグについて深掘りし、コンフィグに対する正しいアプローチを紹介します。

18.2 コンフィグを知る

　コンフィグでまず大切なのは、設定できるパラメータを知ることです。MySQLもPostgreSQLもコンフィグで設定できる項目のドキュメントが用意されています。

- PostgreSQL
  「PostgreSQL文書　19.1. パラメータの設定」[注1]
- MySQL
  「サーバーパラメータのチューニング」[注2]

コンフィグの役割

　コンフィグには大きく3つの役割があります。
　1つめは今回の例のようにパフォーマンスに関わる部分です。RDBMSはサーバの能力を活かせるかどうかが重要です。そのためどのくらいのメモリを使い、どのくらいのコネクション数を用意するかを決めるコンフィグはとても大切です。
　2つめはセキュリティです。RDBMSはその性質上、重要なデータが保存されやすいデータストアです。そのため、アクセスできる範囲やSSLの利用を設定することでデータを守ることがとても重要です。
　そして最後がRDBMSの振る舞いです。第14章「ロックの功罪」でも説明したトランザクション分離レベルを設定できます。MySQLでは「SQLモード」と言われる、SQLに対するRDBMSの振る舞いを設定できます。
　RDBMSの振る舞いが変わるとアプリケーションに大きく影響を与え

注1) URL https://www.postgresql.jp/document/current/html/config-setting.html
注2) URL https://dev.mysql.com/doc/refman/5.6/ja/server-parameters.html

ます。現在どの設定で動作しているかを確認することの重要性は、ここまで本書を読まれている読者のみなさんには自明のことでしょう。コンフィグを正しく設定することはRDBMSの真価を引き出すために必須と言えます。

コンフィグを管理する

　設定されたコンフィグは汎用的で使い回すことが可能なため、秘伝のタレと言われたりします。みなさんは、ミドルウェアのコンフィグはちゃんとバックアップを取っていますか？　ハードウェア障害になった際に新しいサーバにミドルウェアを再インストールしたとしても、コンフィグがなければ復旧できません。そのためコンフィグの管理をするようにしましょう。

　このコンフィグの管理こそが、アンチパターンを防ぐ鍵となります。

18.3 「アンチパターンを生まないためには？

コンフィグの管理における考え方や注意点を紹介したいと思います。

Infrastructure as Code

　コンフィグの管理はどのようにするのが良いのでしょうか。そのための考え方の1つがInfrastructure as Codeです。これはコードでインフラを管理しましょうという考え方です。たとえば、コンフィグをバックアップしてファイルとしてローカルで管理するのではなく、gitのリポジトリで管理する方法などがあります。

　もう一歩進むと、Ansibleのようなプロビジョニングツールでインフラ全体を管理する方法があります。プロビジョニングツールはコンフィグの作成、配置以外にもミドルウェアのインストールやアカウントの作成もできるため、構築手順書をまさにコードで管理するような形になります。こうすることでインフラの管理やバックアップだけでなく、コードレビューやCIのしくみも利用できることから多くのメリットを得られます。

　プロビジョニングツールの利用は、新規案件はもちろんのこと、既存の案件でも小さく利用し始められますので、この機会にぜひご検討ください。

バージョンごとのコンフィグの違い

　コンフィグの管理をする際の注意点は、RDBMSのコンフィグはメジャーバージョンが変わると往々にしてパラメータが変わるという点です。

　まったく同じコンフィグでは、メジャーバージョンが変わると動作しないことも多く、コンフィグの差異を調べる必要があります。RDBMSの機能と同様に、コンフィグについてもリリースノートをはじめとする情報をそろえたうえで動作確認をしましょう。

コンフィグのチェックツール

　自分の環境のコンフィグがデフォルトのままだったとして、ではいざチューニングをしようと思っても、いきなり設定するには情報が多くて途方にくれると思います。そんな人のために、PostgreSQLだとPgTune[注3]、MySQLだとMySQL Tuner[注4]という、コンフィグのチューニングをするためのサポートツールがあります。

　実際には、ツールで設定できるものだけではなく、手動で変更すべきものもあるかもしれませんが、まずはたたき台として利用することで大きく工数を下げられます。完成された先人の知恵であるツールをうまく活用していきましょう。

Database as a Service

　「コンフィグの管理を自分たちで行わない」という方法もあります。それがDatabase as a Service（DBaaS）です。DBaaSとして有名なところではAmazon RDS（Amazon Relational Database Service）やGoogle Cloud SQLなどがあります。これらサービスの特徴は、フルマネージドサービスであるため、サーバに合わせたパラメータチューニングが行われた状態で利用できる点です。

　また、バックアップのしくみや参照用のレプリケーションを作成するしくみなども用意されており、気軽に「高品質に設定されたRDBMS」を利用できるのが強みです。プログラマの本質部分であるプロダクションコードだけに集中できるため、DBAを有していない企業やスタートアップでは強力な選択肢です。

　さらに、バージョンごとのコンフィグの差異も吸収してくれるため、メンテナンスコストを大幅に減らせます。

注3) URL https://pgtune.leopard.in.ua/
注4) URL https://github.com/major/MySQLTuner-perl

第18章 ノーチェンジ・コンフィグ

18.4 アンチパターンのポイント

　今回のアンチパターンのポイントはコンフィグの設定、管理が行われていなかったことです。コンフィグはRDBMSの重要な要素の1つですが、そのメンテナンスは属人化しやすく、一度設定されるとそのまま放置されることが多いのが特徴です。

　今回のように動作は問題ないがパフォーマンスが出ないようなケースでは、コンフィグを疑うということは簡単ではありません。なぜならば、普段からコンフィグを設定しているRDBMSに詳しい人でなければコンフィグの役割もわからないため、理由がそこにあると想像できないからです。だからこそ、コンフィグの役割や意味を知り、適切に管理することが大切です。

　また、管理のコストを比較したときDBaaSのお手軽さは魅力的ですから、昨今のクラウドサービスの台頭は頷けますね。選択肢の1つとして考えておきましょう。

　このように、ノーチェンジ・コンフィグは何度も再発する問題ではないものの、時折顔を出し大きな問題を起こします。コンフィグの再設定の多くではRDBMSの再起動が必要で、場合によってはサービスのメンテナンスが必要になる点にも要注意です。それを未然に防ぐため、普段からInfrastructure as Codeを体現していきましょう。

第19章

▶ 塩漬けの
バージョン

19.1 アンチパターンの解説
19.2 なぜバージョンアップは重要なのか
19.3 アンチパターンを生まないためには？
19.4 アンチパターンのポイント

第19章 塩漬けのバージョン

19.1 アンチパターンの解説

　RDBMSのバージョンアップは鬼門と言われます。多くの場合、バージョンアップにはデータベースの停止を伴い、サービスのメンテナンス時間が必要とされるので、ビジネス的に嫌がられたり、アプリケーションへの影響を恐れたりというのが理由でしょう。

　しかし、サポート中のバージョンなら良いのですが、セキュリティサポートが切れたバージョンを使うことは危険です。RDBMSは重要なデータを扱う性質上、セキュリティ対策が大切なことは第18章「ノーチェンジ・コンフィグ」でも説明しました。またセキュリティだけではなく、新機能やパフォーマンスの向上など、バージョンアップには多くのメリットがあります。

　本章はそんな、塩漬けにされやすいRDBMSのバージョンについてお話します。

事の始まり

　なぜか朝方に重くなるアプリケーションが気になる開発者Aさんに、開発者Bさんがその理由を教えます。

開発者A：PostgreSQL、朝方にパフォーマンスが落ちますね。
開発者B：あぁ、タスクスケジューラでVACUUMを実行してるからだね。
開発者A：え？　AUTO VACUUMを無効化してるんですか？　そんなに更新が激しいシステムじゃないのに？
開発者B：ないよAUTO VACUUM。PostgreSQL 7.4だから。
開発者A：ええ！？
開発者B：バージョンアップしてアプリケーションが動かなくなる

とコストがかかるからね。
開発者A：えぇ……（今のメンテナンスコストのほうがかかってると思うけど）。

何が問題か

　今回のパターンはかなり極端な例ですが、5年10年と寿命が長いRDBMSだからこそ、塩漬けになったバージョン固定のシステムは存在します。ハードウェアであればいつかは壊れますし、アプリケーションであればリニューアルをすることもあるでしょう。しかしRDBMSはその特性上、一度動くとそのままバージョンが固定されることがあります。これはバージョンアップを恐れ、最新バージョンに追従することを怠った運用の放棄です。

　今回の例ですが、現行のPostgreSQLのバージョンはAUTO VACUUMによってVACUUMを意識する必要はありませんし、VACUUMによって排他ロックを取られてパフォーマンスが悪化することもありません。

　パフォーマンスの向上や既知の問題を新機能で解決することはMySQLでも同様に言えることで、バージョンを上げるだけで解決することは少なくありません。

19.2 なぜバージョンアップは重要なのか

バージョンを上げることの重要性、上げないことのデメリットを説明していきます。

マイナーバージョンアップとメジャーバージョンアップ

バージョンアップには大きく2つあります。バグ対応やセキュリティアップデートが中心のマイナーバージョンアップと、機能追加や機能改善が行われるメジャーバージョンアップです。

マイナーバージョンアップは基本的に、同じメジャーバージョン内でRDBMSの振る舞いは変わりません。もし変わった場合、それは元の振る舞いが正しくない場合のみです。それに対してメジャーバージョンアップでは互換性がない変更もありえます。もちろん、互換性は担保されるように考慮されていますが、新機能の都合や、より良い振る舞いに修正される場合などで互換性が失われることがあります。

マイナーバージョンアップはアプリケーションへの影響が小さく、比較的簡単にバージョンアップすることができます。それに対して、メジャーバージョンアップではアプリケーションの改修が必要になることもあります。

バージョンアップをする動機

バージョンアップする動機はいくつかあります。

- 現在利用しているバージョンのサポートが切れるため（旧バージョンを使い続けることによるセキュリティリスク）
- 現在利用しているバージョンを使用することによる管理コストの増加

例）
- gccのバージョンが違ってbuildできない、rpmパッケージがないなどインストールできる環境がなくなる
- AUTO VACUUMなどの新機能によって、相対的に運用コストが下がる
- 複数バージョンを固定で管理している場合、それぞれ異なるバージョンの管理が必要

・新機能を利用したい
・パフォーマンスを向上させたい

　冒頭でも述べましたが、マイナーバージョンアップをする理由はセキュリティと、バグフィックスされた安定したRDBMSを利用するためです。セキュリティアップデートを行わずRDBMSを使うことは、車検を受けていない車を運転するようなものです。ある日突然ブレーキが効かなくなり、衝突事故を起こすかもしれません。RDBMSに話を戻すと、セキュリティアップデートを行わないことで脆弱性を突かれ、個人情報が流出するかもしれません。このように、バージョンを固定する危険性は想像に難しくありません。

　もちろん、メジャーバージョンアップでもバグフィックスなどのパッチが含まれることもありますが、メジャーバージョンアップにはおもに新機能やパフォーマンスの向上を期待することでしょう。

　たとえばPostgreSQLで言えば、10ではロジカルレプリケーションやパーティションなど待望の機能が追加されましたし、11ではJust In Compileやパラレルクエリの強化など高速化が目立ちます。MySQLでも、5.7ではJSONデータ型が導入され、8.0ではこちらも待望のWindow関数とCTE（再帰クエリ）が実装されました。

　今まではこのRDBMSでできなかったことができるようになるというのは、大きな変化です。設計の幅が広がりますし、今まで憂慮していたことが杞憂となることも珍しくありません。たとえば、MySQLにはCTEがなかったため、ツリー構造を持たせるような設計は「ナイーブツ

リー」というSQLアンチパターンとされてきました。しかしCTEが導入された今、SQLで再帰的に取得できるため設計の選択肢の1つとなっています。

固定する理由とデメリット

バージョンアップをしない理由はどこにあるのでしょうか。一見するとバージョンアップは良いこと尽くしです。バージョンアップを嫌がる理由は大きく2つあります。

■停止時間とメンテナンス時間

1つめは、バージョンアップはデータベースの停止を伴うことが多いためです。

マイナーバージョンアップであればyum updateなどを無停止で行い、データベースを再起動するだけの数秒で済むことも多く、難易度も低いと言えます。

それに対してメジャーバージョンアップは、データベースの入れ替えやアップデートするための専用ツールを利用する必要があり、データ量に比例してメンテナンス時間が伸びます。サービスのビジネス的な制約で長時間のメンテナンスが難しい場合、メジャーバージョンアップを控える傾向があります。しかし、最近では後述するローリングアップデートなど、停止時間を極小化するしくみもあるため、技術力しだいでは十分に短い時間でバージョンアップできるようになっています。

■アプリケーションへの影響

2つめはメジャーバージョンアップの際にアプリケーションの振る舞いが変わるかもしれない場合の、メンテナンスコストを払えないというものです。

ただ、開発費の制約や人員不足を問題としてバージョンアップを避けた場合、メンテナンスされていないRDBMSを何年も運用する羽目にな

ります。データベースの寿命はアプリケーションよりも長いため、バージョンが塩漬けになったデータベースは少しずつ負債を積み上げていくことになります。

バージョンアップは、ひとつひとつ上げていくことと一気に数バージョンを飛ばすことでは、前者のほうが圧倒的に楽です。後者の場合は選択肢も限られ、差異も多いために事前の調査の時間が多く必要になり、コストがかさみます。ただ、そこでバージョンアップしなかった場合、数年後にハードウェアの故障や致命的な脆弱性によってバージョンアップせざる得ない場面で、より大きなコストを支払ってバージョンアップすることになります。

このようにバージョンアップを恐れ、固定したバージョンを使い続けることにはデメリットが多く、定期的にバージョンアップすることが大切だと言えます。RDBMSは寿命が長い分、後述の「バージョンアップの文化」を作ることが成否を分けるといっても過言ではないでしょう。

第19章 塩漬けのバージョン

19.3 「アンチパターンを生まないためには？」

　バージョンアップが必要なことは伝わったかと思います。では、実際にバージョンアップするためには何が必要なのでしょうか。時系列に列挙すると次のような順になります。

①バージョンアップ方法の決定
②コンフィグの確認
③リハーサル
④バージョンアップ作業

　見てわかるように、実際のバージョンアップ作業よりも前準備のフェーズが多いです。前作業でどれだけ準備を行ったかが、バージョンアップをスムーズに行えるかどうかを決めます。それぞれのフェーズについて説明していきます。

バージョンアップ方法の決定

　マイナーバージョンアップは簡単なため迷うことはあまりないと思います。メジャーバージョンアップの方法は大きく4種類あり、それをまとめたものが**表19.1**です。

表19.1 メジャーアップデートの方法

項目	停止時間	難易度	補足
ダンプ・リストア	長い（データ量に比例）	簡単	すべてのバージョンに対応
専用ツール	一定	簡単	RDBMSによってやり方が違う
レプリケーション	切り替え時間のみ	中程度	RDBMS、バージョンによってやり方が違う
アプリケーションからの二重書き込み	切り替え時間のみ	アプリケーションの設計しだい	工数はかかるが部分的な切り替えも可能

バージョンを複数またいだバージョンアップの場合は、ツールやレプリケーションの手法が選べないこともあります。それぞれの手法にメリット・デメリットがありますが、大切なことは「自分たちにあった手法を選ぶ」ということです。基本的には、停止時間をちゃんと設けて切り替え作業を行うことで、難易度・事前の工数はともに低くなります。

■ダンプ・リストア

一番シンプルな方法はダンプ・リストアで、PostgreSQLの場合は図19.1のような手順です。

図19.1 PostgreSQLでのダンプ・リストア

```
// ダンプ方法
// -Fcはカスタムアーカイブ形式、-fは出力先
$ pg_dump -Fc データベース名 -U ユーザ名 -h ホスト名 -f /tmp/db.dump
// リストア方法
$ pg_restore -d データベース名 /tmp/db.dump
```

この方法はバージョンをまたいでいてもリストアできることが多く、特別な手順が少ないため簡単で、リハーサルもできます。また、データベースを新たに用意しているのであればロールバックもシンプルに行えます。

■専用ツールとレプリケーション

専用ツールによるアップデートとレプリケーションは、RDBMSの種類によって手法が違います。これらのダンプ・リストアに対する優位性として、データが大きくなっても切り替え時間が少なくて済むという点があります。ダンプ・リストアはデータサイズに比例して作業時間が長くなり、場合によっては現実的な時間で対応することが難しい場合もあります。

データが大きい場合は、データファイルをそのまま利用し、インプレイス・アップグレードできるpg_upgrade[注1]やmysql_upgrade[注2]のような専用ツールを使うことも検討しましょう。

PostgreSQLではバージョン10以降でロジカルレプリケーションを使うことで、MySQLでは1つ違いのメジャーバージョンに対してレプリケーションをすることで、図19.2のようなローリングアップデート[注3]も行えます。

図19.2 ローリングアップデート（PostgreSQLの場合）

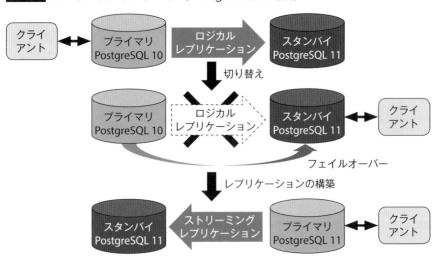

注1）`URL` https://www.postgresql.jp/document/9.2/html/pgupgrade.html
注2）`URL` https://dev.mysql.com/doc/refman/5.6/ja/mysql-upgrade.html
注3）サービスを止めずにアップデートを行うこと。

■アプリケーションの二重書き込み

最後がアプリケーションからの二重書き込みです。この方法は図19.3のようにアプリケーション側の実装が必要です。

図19.3 アプリケーションの二重書き込み

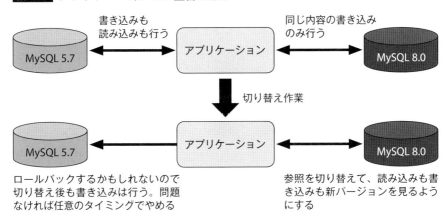

ORM（オブジェクト関係マッピング）などで書き込み処理が一元管理されているのであれば、二重書き込みは容易に実装できるでしょう。しかしそうではなく、多くの場所に散らばっているような場合は難易度が上がり、ほかの方法を検討するべきでしょう。

アプリケーションによる二重書き込みのメリットとしては、部分的な更新や一部のみの切り替えなど、柔軟に行えることです。反面、実装工数が必要なため前述の手順と比べると工数が増える傾向があります。また、データをすべて正しく連携できるかはアプリケーションの設計しだいですので、十分な事前チェックも必要です。

おもにこの4つの手法から、自分たちが移行したいバージョンのゴールとビジネス的な都合を考慮して選択しましょう。

コンフィグの確認

　対応方針を決めたら次はコンフィグの確認です。マイナーバージョンアップは、多くの場合は変更不要ですが、メジャーバージョンアップではコンフィグでパラメータの差異が発生します。新しいものや廃止されたものを、リリースノートや公式ドキュメントを見て確認しましょう。

　パラメータチューニングを行っている場合はその値についても確認が必要です。もしハードウェアの載せ替えなどが同時に発生する場合、パラメータが不適切な値になることがあります。これは第18章「ノーチェンジ・コンフィグ」でも説明しました。

　PostgreSQLの公式リリースノート[注4]はバージョンアップに有用です。変更点だけでなく、前バージョンからのバージョンアップに必要な情報も記載されています。メジャーバージョンアップ版だけでなく、マイナーバージョンアップ版も作られますので、チェックしましょう。

リハーサル

　バージョンアップ作業については必ず手順をまとめ、リハーサルを数回行うようにしてください。リハーサルではサービスの停止作業、バージョンアップの作業以外にも、ロールバックの手順も含めることで、本番でトラブルが発生した場合もすばやく対応できます。

　最悪のケースは、バージョンアップ中にトラブルが発生し、旧データベースにも新データベースにもつなげられなくなり、サービスが復旧できないことです。このケースはごくまれにみられ、バックアップから戻す作業が必要になります。このとき、第10章「転んだ後のバックアップ」のアンチパターンと合わせ技になると……背筋が凍りますね。

　不慮の事態を防ぐためにもリハーサルをしっかりと行い、万全を期すようにしましょう。アドバイスとして、本番データと同様の環境で行う

注4) URL https://www.postgresql.jp/document/current/html/release.html

ことで、おおむねの作業時間がわかるようになります。

バージョンアップ作業

　事前に準備をしっかり行ったあとは当日作業です。作業にはトラブルがつきものですが。バージョンアップ作業は最悪、旧データベースに戻せば復旧できます。恐れることなく作業を行いましょう。そのために、ロールバックの手順と判断基準を事前に明確にしておくことが大切です。計画的に行えば、無事バージョンアップすることができるでしょう。

バージョンアップする文化を作る

　バージョンアップの重要性は理解していても、ビジネスサイドにメリットを伝えることができずバージョンアップできないこともあるでしょう。このような場合はまず、バージョンアップの実績を作り、小さなシステム停止はサービスに問題がないことや、バージョンアップはシステムに好影響を与えることをビジネスサイドに理解してもらうことが必要です。その積み重ねを行い、バージョンアップする文化を作ることが大切です。

　RDBMSが難しい場合は、プログラミング言語やほかのミドルウェアなどから始めていくのが良いでしょう。RDBMSでも、マイナーバージョンアップから始めることでこまめにメンテナンスする文化が、単発的な切り替え作業を行うことでアプリエンジニア側もリトライやフェイルオーバーを意識した開発を行う文化が醸成されるはずです。

　もしこれから新規案件を行う場合は、最初から定期的なバージョンアップを考慮しておきましょう。それが3年後の自分たちを救ってくれます。これは、リファクタリングのために最初からCI/CDの環境を用意しておくことに似ています。RDBMSなら、「レプリケーションでバージョンアップできるように準備しておく」「Ansibleなどでマイナーバージョンアップできるように準備しておく」などが具体的な施策となります。

19.4 アンチパターンのポイント

　今回のアンチパターンは、目先の運用を優先してバージョンアップしてこなかったことです。前述のとおり、ミドルウェアのバージョンアップは文化です。文化は現場の人たちによって形成されます。バージョンアップを行うかどうかは、ほかでもない自分たちが決めるのです。

　メジャーバージョンを一気に飛ばして上げるのはたいへんです。そのため小さくバージョンアップしていくことが大切です。マイナーバージョンアップは気軽にできる範囲ですし、内容としてはバグフィックスやセキュリティアップデートですから、必ず行うようにしましょう。マイナーバージョンアップを行うことで、メンテナンス時間を取る習慣や停止時間を減らすためのしくみづくりにつなげられます。バージョンアップの文化を作り、最新版に追従していきましょう。

　現在においては、今回のようにバージョンを塩漬けしてRDBMSを使うことは悪習と言えますが、現場ではよく見られます。この慣習を変えていけるかどうかもまた、みなさんの手にかかっています。

第20章

▶ フレームワーク依存症

20.1 アンチパターンの解説
20.2 フレームワークが生むメリットとデメリット
20.3 アンチパターンを生まないためには？
20.4 アンチパターンのポイント

第20章 フレームワーク依存症

20.1 アンチパターンの解説

　Webアプリケーションフレームワーク（以下フレームワーク）はとても強力なツールで、開発の生産性を圧倒的に高めてくれます。しかし、利用にあたってはフレームワークの制約を受け入れる必要があり、フレームワークに依存すればするほどRDBMSを縛りつけることになります。フレームワークに依存した象徴的な例が、『SQLアンチパターン』で紹介されている「マジックビーンズ」です（後述）。

　フレームワークに合わせた設計を行うことでアプリケーションの生産性が向上するのは明らかですが、バランスを取ることが難しい問題です。そこで本章では、フレームワークを利用することで発生するRDBMS側の制約の問題と課題についてお話します。

事の始まり

　データベースに不審な点を多々見つける開発者Aに対し、「フレームワークの都合だから仕方ない」と一蹴する開発者B。

開発者A：この「規約に同意した列」は不要じゃないですか？　だって、そもそも規約に同意しないと会員登録できないわけですよ。
開発者B：それね、フレームワークが自動生成したModelが「1フォーム1列」だからそれに合わせてあるんだ。
開発者A：じゃあこのタグを保存する部分、せっかくPostgreSQLなんだから配列型を使ってもっとシンプルにできますよ？
開発者B：ORMの都合で配列型は使えないよ。
開発者A：このcustomerテーブル（図20.1）、`type = person`のときはuser_nameに値が入りますが、`type = corporate`のときはuser_nameはnullばかりになっているので、テーブルを分けたほうがい

いんじゃないですか？

図20.1 問題のcustomerテーブル

```
postgres=# SELECT * FROM customer;
 company_id |   type    | company_name | user_name | company_tel  | company_address
------------+-----------+--------------+-----------+--------------+-----------------
          1 | corporate | 株式会社 hoge |           | 082-xxx-xxxx | 広島県
          2 | person    | 株式会社 fuga | soudai    |              |
          3 | corporate | 株式会社 saga |           | 03-xxxx-xxxx | 東京都
(3 rows)
```

開発者B：STIって設計だよ。ライブラリがよしなにやってくれるんだけど、知らない？

開発者A：知ってはいますけど……（これ、アプリケーションにバグがあったときにデータが壊れないかな）。最後にこのスロークエリ、クエリチューニングできそうですけど、SQLはどこで発行されているんですか？

開発者B：うーん、どのModelがこのSQLを生成してるんだろ。grepできないからちょっとソースコード読んでみて。

開発者A：わかりました……。

何が問題か

　今回のパターンは、フレームワークに依存した実装をしているところに問題があります。まず設計の問題として、「1フォーム1列」や「1ページ1テーブル」の設計、STI（Single Table Inheritance）を取り上げました。このほかにも、フレームワーク側の都合がRDBMS側の設計に影響を与えるケースが多くあります。

　これまで「データベースの迷宮」（第1章）や「JSONの甘い罠」（第8章）など、アプリケーションの実装によってRDBMS側の機能やデータの整合性が失われてしまうケースを何度も紹介してきました。今回のフレームワーク依存症はまさにその最たる例と言えるでしょう。アプリケー

ション側でデータの整合性を担保する場合、バグとヒューマンエラーからデータを守れません。また一度壊れたデータをもとに戻すことの難しさは、ここまで本書を読まれたみなさんにはおわかりのことかと思います。フレームワークへの依存では加えて、スロークエリの発行元を追うことの難しさもあります。

　このアンチパターンの難しいところは、アプリケーションの生産性自体は向上することが多いため、ビジネス的な判断では一概に間違っていると言えないところです。

20.2 フレームワークが生むメリットとデメリット

フレームワーク、そしてフレームワークが提供するORM（Object-Relational Mapping）に依存した設計の具体例を取り上げながら、それぞれの問題についてみていきましょう。

ViewとModelとRDBMS

フレームワークに依存した例として、MVCパターンのフレームワークが生成する、ORMに最適化したModelがあります。ORMは図20.2のように、RDBMSが扱うリレーショナルモデルとアプリケーションが扱うオブジェクトモデルとの間で生まれるインピーダンスミスマッチを解決する存在です。

図20.2 ORMの役割

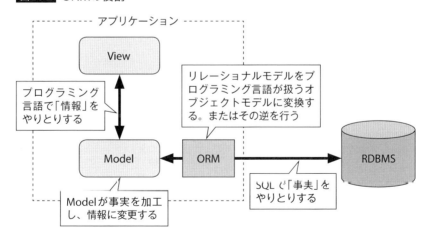

そのための抽象化を行う層が、MVCパターンのうちModel層です。Model層がビジネスロジックやビジネストランザクションに合わせて適

宜RDBMSに接続して事実を取り出し、情報に加工します。その際、アプリケーション側ではPHPやJavaなどのプログラミング言語で処理が書かれているのに対し、RDBMSへの接続は一般的にSQLで行うことに注意してください。この言語の違いによってもミスマッチが発生します。この言語のミスマッチを埋める役割も、ORMの責務です。

今回の例ではこの2つのミスマッチを混ぜて扱い、ORM側の都合に合わせたことで多くの問題が生まれています。次項から具体例をみていきましょう。

マジックビーンズ

『SQLアンチパターン』には「マジックビーンズ」と呼ばれるアンチパターンがあり、フレームワーク依存症のわかりやすい例となっています。このアンチパターンは**図20.3**のようにアプリケーションのクラスとRDBMSのテーブルを1:1に持つ構造を言います。

図20.3 マジックビーンズの例

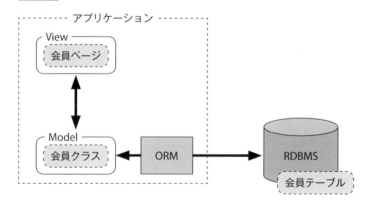

こういった構造を実現するデザインパターンとして、「ActiveRecord」があります。ActiveRecordは1つテーブルに対してシンプルなデータのアクセス方法を提供する有効な方法です。しかしModelそのものが

ActiveRecordになってしまい、CRUDの機能だけを提供してしまうと、ビジネスロジックを書く場所がなくなってしまいます。

マジックビーンズには次のような問題がありますが、これらは『SQLアンチパターン』で丁寧に説明されていますので、ぜひ読んでみてください。

- CRUD機能を公開することでビジネスロジックのModelとは別の場所から呼ばれることがある
- Controller層やService層にビジネスロジックが記載された「ドメインモデル貧血症」をもたらす
- データベースにアクセスする場所が散在し、ビジネスロジックがデータに依存するため、ユニットテストが難しくなる

このパターンはActiveRecordを正しく使っていないことが問題であり、ActiveRecord自体を否定しているわけではないことに注意してください。

テーブル設計がViewに依存する

ORMはシンプルなCRUDを提供してくれます。そこで、一番変更が激しいViewの情報に合わせてORMを利用できると、開発が効率化されます。しかしModelがViewに依存し過ぎると、今回の例である「1フォーム1列」のケースになってしまいます。

また先ほどの図20.3のように、1つのテーブルが1つのModelになってしまい、そのModelがViewに対して1:1になってしまうとさまざまな問題があります。

とくに、ActiveRecordを採用したORMを利用している場合にこの問題が起きやすく、シンプルな実装になる半面、不要な列を作ってしまったり、正規化に失敗したりする原因になります。たとえば、図20.4のアンケートフォームがある場合、少なくとも「好きなデータベース」を管

第20章 フレームワーク依存症

理するテーブルが新たに必要になります。これは「簡単過ぎる不整合」（第15章）で紹介したテーブル設計（図15.3）と同じような例です。

図20.4 アンケートフォームページの例

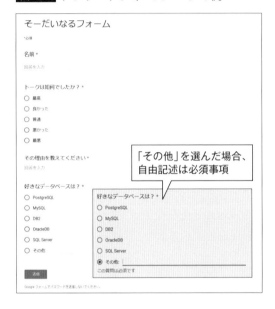

ここで安易に設計してしまうと**表20.1**のようなテーブルになってしまい、「好きなデータベース」は1つの列に閉じ込められてしまうでしょう。

表20.1 問題のあるテーブル

名前	トーク評価	理由	好きなデータベース	その他
曽根 壮大	最高	ベストスピーカーだから	PostgreSQL	
soudai1025	最高	なんとなく	MySQL	
Soudai	最高		SQL Server	
hoge	普通	普通だったから	その他	Oracle
Fuga	悪い		その他	Firebird
bar	悪い		OracleDB	

この場合は、アプリケーションのバグによって名前の揺れが起きたり、意図しないデータが入ったりすることを防げません。表20.1の4行目と6行目のようにOracleとOracleDBのように名前の揺れがあると、好きなデータベースのランキングを集計したいとなったときに、名前がユニークではないので本来の数字がシンプルなSQLでは出せなくなります。

このように、フレームワークが提供するしくみに依存し、CRUDの使いやすさを重視し過ぎると、結果的に正規化不足に陥ってテーブル設計に悪影響が出てきます。

テーブル設計がライブラリに依存する

同じように、フレームワークが提供するライブラリに最適化したModelを設計した場合、そのModelがテーブル設計に悪影響を与えることがあります。

図20.1のようなcustomerテーブルを親クラスと子クラスのER図で表現しようとすると、リレーショナルモデルではそのまま表現できません。正規化すれば図20.5のように、customerに対してpersonが紐づく形になります。

図20.5 正規化したテーブルをER図で表現

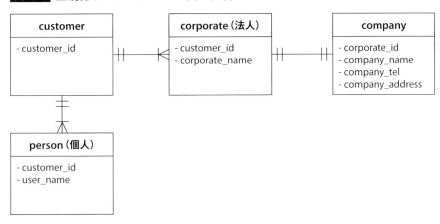

第20章 フレームワーク依存症

　この問題で発生する複数のエンティティを透過的に扱う手法がSTIです。実装としては、テーブルをまとめてModelの振る舞いを定めることで、プログラムの継承を表現します。

　この手法では、データは簡単に壊れます。たとえばtype = corporateであるにもかかわらず、user_nameにデータが登録されているレコードを作れます。まさに「簡単過ぎる不整合」のアンチパターンです。

　STIを採用すると、子クラスが増えると同時にカラムも増え、NOT NULL制約も付けられず、RDBMSの効率的なクエリとデータを守るしくみを犠牲にします。

　このようにSTIは小さなテーブル、少ないテーブル数を実現し、複数のエンティティを透過的に表現できる設計ではあるものの、RDBMSとの相性は悪く、複雑なビジネスロジックを表現する場合にはとても危険な手法になります。

　ライブラリが提供する同じような設計手法に、『SQLアンチパターン』で登場するポリモーフィック関連があります（第7章でも解説）。ポリモーフィック関連はSTIと同様、スーパータイプとサブタイプを表現する手法です。ポリモーフィック関連では、テーブル側で子に複数の親を持たせており、図20.6のように、正規化した図20.5と親子関係が逆転しています。

図20.6 ポリモーフィック関連のER図

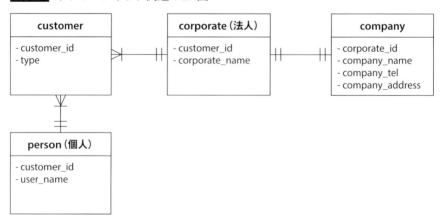

この場合、customerのtypeの値によって参照する親テーブルが決まります。つまりは列によって参照するテーブルが決まるので、外部キー制約を使うことができません。
　この設計もまたSTIと同様に、RDBMSの効率的なクエリとデータを守るしくみを犠牲にしています。
　ライブラリを利用することで実装量を劇的に減らせる場合も多いのですが、ライブラリに依存し過ぎると今回のようにテーブル設計に悪影響を与えることも度々発生します。ライブラリを選定するときは、それがどのようにテーブル設計に影響を与えるかをよく考えましょう。

20.3 「アンチパターンを生まないためには？

フレームワーク依存が生む問題を引き続き紹介しつつ、フレームワークとの上手な付き合い方を紹介します。

独自型への制約

ORMは、アプリケーション側の実装言語とRDBMSとのインピーダンスミスマッチを解消するということを説明しました。ただこれにより、RDBMSに対して標準化を行う必要性が生まれ、今回のようなRDBMSが用意している独自型を利用できないケースとなります。

たとえばPostgreSQLの配列型を使えば、第17章で紹介した「ジェイウォーク」——text型に対してCSVでデータを保存するSQLアンチパターン——も解決できます。しかし配列型に対応しているORMは少なく、今回の例のように利用できない場合が多いです。

第8章「JSONの甘い罠」でも説明しましたが、安易に独自型に頼ってしまうこともまたアンチパターンです。ただ、まったく使わないこともまたアンチパターンであり、「適切に型を選べる」状態こそが健全な状態と言えます。

漏れのある抽象化

フレームワーク依存のもう1つの特徴として、ORMが発行するSQLが見えないことが挙げられます。これはSQLをカプセル化しているORMの特性上、当たり前であり、一概に悪いとは言えません。ですがORMは完全な抽象化ではなく、ORMが発行するSQLはRDBMSに最適化されたものではないため、発行されているSQLを意識する必要があります。

抽象化先を意識する必要がある抽象化、つまりは「漏れのある抽象化」

なのです。ORMとしては自然なプログラミングコードでも、100万行のテーブルを検索する際に100万回DBに接続するようなN+1問題や、INDEXを利用しないJOINなど、パフォーマンスに大きな問題が発生するSQLを生成することがあります。ORMがRDBMSを不完全に抽象化しているがゆえに、意図しないSQLが実行されることがあるのです。

また前述のような、ModelにはCRUDの機能だけが実装され、Controllerにビジネスロジックが実装されているような「ドメインモデル貧血症」の場合、テーブルアクセスする場所が散在し、改修が難しくなります。これはフレームワーク依存症とドメインモデル貧血症の合併症とも言えます。

フレームワークとの上手な付き合い方

フレームワークもActiveRecordも強力なデザインパターンです。これらを利用するうえで重要なことは、DOA（Data Oriented Approach）に基づき、Modelの中でデータを取り出す層と取り出したデータを加工する層を分けておくことです。

このような設計を最初から用意してくれているフレームワークもあります。たとえば、PHP製のSymfonyはリポジトリパターンを採用しており、図20.7のようなクラスを作ることでORMのメリットであるRDBMSの抽象化を活かしつつ、ビジネスロジックとは分離できます。

図20.7 Symfonyによるリポジトリパターンの実装例

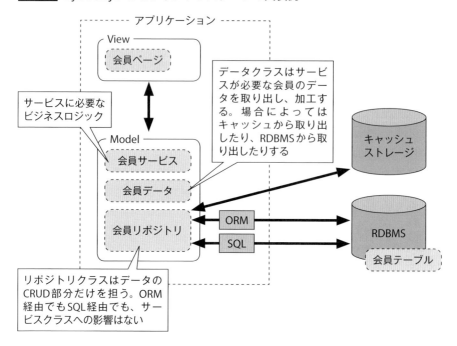

このように、フレームワークが行うRDBMSの抽象化は毒にも薬にもなるため、アプリケーションの関心事であるビジネスロジックとは分離して扱うことが大切です。

20.4 アンチパターンのポイント

　今回のアンチパターンは、フレームワーク都合のテーブル設計やクエリの隠蔽に重点を置いて説明しました。フレームワークの利用は「インプリシットカラム」「キーレスエントリ」などのSQLアンチパターンを生み出す遠因にもなります。これらは「良かれと思って始めたが後々苦しむ」ことが特徴で、フレームワーク依存症は、このようなSQLアンチパターンの合併症とも言えるアンチパターンです。

　繰り返しになりますが、フレームワークそのものはとても強力なツールであり、現代の開発になくてはならない存在です。フレームワークの禁止やそれに付随するORMやライブラリの禁止というのは本末転倒でしょう。大切なことは、フレームワークに依存しない最適な設計を常に模索することです。

　もちろん、フレームワークに適したテーブル設計は、アプリケーションの開発速度に好影響を出すことがありますので、ビジネス面の判断としてSTIなどを採用することもあるでしょう。その場合は、受けたメリットと支払ったコストのトレードオフを意識したうえで、バランスを取っていきましょう。

　「データベースの寿命はアプリケーションよりも長い」という言葉を思い出してください。データベースにフレームワーク都合の問題を一度持たせると、その問題と長く付き合うことになります。だからこそ、トレードオフを常に意識して設計を行いましょう。

　フレームワーク依存症は多くの問題を生み出すアンチパターンです。このアンチパターンを解決するのは、ビジネスロジックをコードに落とし込む設計力と、全体を見渡して設計できるような視野の広さです。この2つの能力は一朝一夕には身につかないものの、継続的な学習と経験で必ず身につけられるものです。みなさんもぜひ身につけていただき、現場でより良い設計を模索してください。

おわりに

みなさんの心に刺さるRDBアンチパターンはありましたでしょうか？筆者の経験や知識が、みなさんの力になれたなら本望です。

ただ、RDBアンチパターンを知っただけでは何も問題は改善しません。筆者の尊敬するエンジニアの言葉ですが、「手を動かした者だけが世界を変える」という言葉があります。職場など、あなたの周りの環境を改善していくのはあなた自身です。ここで知ったRDBアンチパターンがもしあなたのそばにあるのなら、ひとつひとつ改善していきましょう。RDBの寿命はアプリケーションよりも長いですから、そのひとつひとつの積み重ねは必ず大きな成果としてあなたのもとに返ってきます。

ここからは、あなたがRDBアンチパターンを改善して新しいRDBデザインパターンを生み出す番です！　あなたのアウトプットを楽しみにしています。

■著者プロフィール

曽根 壮大（そね たけとも）　Twitter ▶ @soudai1025

　株式会社オミカレ副社長兼CTO。数々の業務システム、Webサービスなどの開発・運用を担当し、2017年に株式会社はてなでサービス監視サービス「Mackerel」のCRE（Customer Reliability Engineer）を経て現職。コミュニティ活動としては、Microsoft MVPをはじめ、日本PostgreSQLユーザ会の理事兼勉強会分科会座長として勉強会の開催を担当し、各地で登壇もしている。そのほか、岡山Python勉強会を主催し、オープンラボ備後にも所属。「builderscon 2017」「YAPC::Kansai 2017」などのイベントでベストスピーカー賞を受賞するなど、わかりやすく実践的な内容のトークに定評がある。『Software Design』誌ではデータベースに関する連載「RDBアンチパターン」などを執筆。

索引

【数字】
31 Flavors（SQLアンチパターン） …… 122

【A】
ACID …………………………… 118, 184
ActiveRecord ………………………… 264
ALTER ………………………… 120, 204
APPLY句 ……………………………… 107
AUTO VACUUM ……………………… 247

【B】
boolean型 ……………………………… 8
BTree INDEX …………………… 42, 75

【C】
CDN ……………………………… 83, 219
CHECK制約 …………… 2, 11, 123, 201
CTE …………………………………… 249

【D】
Database as a Service …………… 243
DDL …………………………………… 8
DEFAULT制約 ……………………… 2
delete_flag（削除フラグ） …… 4, 56, 65
DOA …………………………………… 271
DOMAIN ……………………………… 119

【E】
EAV（SQLアンチパターン） ……… 92, 99
ENUM型 ………………………… 122, 203
ER図 …………………………………… 267

【F】
FULL OUTER JOIN ………………… 29

【G】
GROUP BY …………………………… 81

【H】
Hash Join …………………………… 33
HAVING ……………………………… 81

【I】
idを指定してソート ………………… 79
INDEX ……………………………… 42, 74
Infrastructure as Code …………… 242
INNER JOIN ………………………… 27
InnoDB ……………………………… 164

【J】
JOIN ……………………… 27, 35, 200
jsonb型 ……………………………… 110

JSONデータ型 ………………… 95, 105, 116, 249
JSONの甘い罠 ……………………… 103

【L】
LATERAL句 ………………………… 107
LEFT OUTER JOIN ………………… 28
LIKE検索 …………………………… 49

【M】
memcached ………………………… 218
MENTORの原則 …………………… 53
Model ………………………………… 263
MVC ………………………………… 263
MySQLのエラーログ ……………… 149
MySQLのバージョン固有の話題 … 11, 95, 108, 151, 215, 216, 249

【N】
N+1問題 ………………………… 38, 271
Nested Loop Join ………………… 32
NoSQL ………………………………… 83
NOT NULL制約 …………………… 2

【O】
OFFSET ……………………………… 80
ORDER BY ……………………… 73, 85
ORM ……………………………… 109, 263

【P】
PITR ………………………………… 133
PMP ………………………………… 164
Polymorphic Associations
（SQLアンチパターン） …… 94, 98, 268
PostgreSQLのエラーログ ………… 148
PostgreSQLのバージョン固有の話題 … 37, 95, 191, 217, 249, 254
PRIMARY KEY制約 ……………… 2

【R】
read committed ……………… 182, 185
read uncommitted ………………… 185
Redis ……………………………… 85, 218
repeatable read ……………… 185, 190
RIGHT OUTER JOIN ……………… 29
RLO ………………………………… 135
RPO ………………………………… 134
RTO ………………………………… 134

275

索引

【S】
serializable … 185
Sort Merge Join … 33
Sorted Set（ソート済みセット型）… 85
SQLアンチパターン … 52, 95, 98, 122, 199, 228
SQLの構文評価 … 73, 233
SQLパフォーマンス詳解 … 54, 77
STI … 261, 268

【U】
UNION … 29, 81
UNIQUE制約 … 2, 60

【V】
View … 36, 63, 263

【W】
Webアプリケーションフレームワーク … 231, 260
WHERE狙いのキー、ORDER BY狙いのキー … 38, 54, 77

【あ】
アーカイブログ … 133
アプリケーションキャッシュ … 217
アプリケーションの二重書き込み … 255

【い】
意味を含んだID … 90, 98
インデックスオンリースキャン … 80
インデックスショットガン（SQLアンチパターン）… 52
インピーダンスミスマッチ … 263
インプリシットカラム（SQLアンチパターン）… 273

【う】
失われた事実 … 13, 206
失われた制約 … 96
打ち消しのINSERT … 20

【え】
エグゼキュータ … 73
エラーログの監視 … 150, 152

【お】
漢のコンピュータ道 … 91
オプティマイザ … 50, 84

【か】
カーディナリティ … 48, 61
外部キー制約 … 110, 121, 199
隠された状態 … 87

稼働率 … 135
カバリングインデックス … 80
神の怒り … 158
カラム名の変更 … 10
監査ログ … 151
監視されないデータベース … 157
簡単過ぎる不整合 … 195, 268

【き】
キーレスエントリ（SQLアンチパターン）… 273
効かないINDEX … 39
技術的負債 … 9
キャッシュ … 83, 200, 214, 222
キャッシュ中毒 … 209
ギャップロック … 178
共有ロック … 121, 172
行ロック … 67, 172

【く】
クエリキャッシュ … 214
腐ったテーブルの腐ったクエリ … 231

【け】
結果整合性 … 210

【こ】
交差テーブル … 98, 200
転んだ後のバックアップ … 129
コンフィグのパラメータ … 240

【さ】
サマリーテーブル … 20, 64, 81, 216
参照整合性制約 … 110

【し】
ジェイウォーク（SQLアンチパターン）… 231
塩漬けのバージョン … 246
死活監視 … 160
式INDEX … 48
実行計画 … 84
実行時パラメータ … 238
知らないロック … 169

【す】
スパゲッティクエリ（SQLアンチパターン）… 228
スマートカラム … 90
スロークエリログ … 40, 146

【せ】
静的解析 … 230
制約 … 2, 125

INDEX

全文検索インデックス ……………………49
【そ】
ソートの依存 ………………………………69
【た】
ダーティリード ……………………………185
ダンプ・リストア …………………………253
【ち】
チェック監視 ………………………………161
遅延制約 ……………………………………127
遅延レプリケーション ………… 21, 22, 137
【つ】
強過ぎる制約 ………………………………117
【て】
データベースの迷宮 ………………………1
データベースリファクタリング …………10
テーブルロック ……………………………172
デッドロック ………… 121, 173, 176, 199
【と】
統計情報 ……………………………………50
ドメインモデル貧血症 ……………………265
トランザクション …………………………173
トランザクション分離レベル …… 185, 240
とりあえず削除フラグ ……………… 59, 66
トリガー ……………………………… 62, 100
【な】
ナイーブツリー（SQLアンチパターン）…249
【ね】
ネクストキーロック ………………………178
【の】
ノーチェンジ・コンフィグ ………… 237, 256
ノンリピータブルリード …………………186
【は】
パーティション ……………………………249
排他ロック …………… 67, 122, 172, 192
バイナリログ ………………………………133
配列型 ………………………………………270
早過ぎる最適化 ……………………………119
バッファルクエリ …………………………249
バリデーション ……………………………124
【ひ】
非正規化 ……………………………………198
必須属性 ……………………………… 93, 109
表ロック ……………………………………172
【ふ】
ファジーリード ……………………………186

ファントムリード …………………………188
複合INDEX ……………………………54, 61
複雑なクエリ ………………………59, 227, 199
物理バックアップ …………………………132
フラグの闇 …………………………………55
フレームワーク依存症 ……………………259
【へ】
ページャ ………………………………77, 82
ベン図 ……………………………………27, 234
【ま】
マイナーバージョンアップ ………………248
マジックビーンズ
　（SQLアンチパターン）………………264
マテリアライズド・ビュー ……… 20, 37, 64,
81, 200, 216
マルチカラムアトリビュート
　（SQLアンチパターン）………………199
【み】
見られないエラーログ ……………………145
【む】
無知ゆえの豪腕 ……………………………230
【め】
明示的ロック ………………………………174
命名ミス ……………………………………8
メジャーバージョンアップ ………………248
メトリックス監視 …………………………161
【も】
漏れのある抽象化 …………………………270
【や】
やり過ぎたJOIN …………………………23
【ら】
論理ID ………………………………………90
論理バックアップ …………………… 123, 132
【り】
リレーショナルモデル ……………………72
履歴データ …………………………14, 22, 206
理論から学ぶデータベース実践入門 … 22, 73
【れ】
レプリケーション …………………… 137, 254
【ろ】
ローリングアップデート …………………254
ロジカルレプリケーション ………………249
ロストアップデート ………………………189
ロックの功罪 ………………………………181

■カバーデザイン
　オガワデザイン　小川 純
■本文設計・組版
　マップス　石田 昌治
■編集担当
　中田 瑛人

◆お問い合わせについて

本書の内容に関するご質問につきましては、下記の宛先までFAXまたは書面にてお送りいただくか、弊社ホームページの該当書籍コーナーからお願いいたします。お電話によるご質問、および本書に記載されている内容以外のご質問には、いっさいお答えできません。あらかじめご了承ください。

また、ご質問の際には「書籍名」と「該当ページ番号」、「お客様のパソコンなどの動作環境」、「お名前とご連絡先」を明記してください。

お問い合わせ先
〒162-0846
東京都新宿区市谷左内町21-13
株式会社技術評論社　第5編集部
「失敗から学ぶRDBの正しい歩き方」質問係
FAX：03-3513-6179

技術評論社Webサイト▶ https://gihyo.jp/book

お送りいただきましたご質問には、できる限り迅速にお答えするよう努力しておりますが、ご質問の内容によってはお答えするまでに、お時間をいただくこともございます。回答の期日をご指定いただいても、ご希望にお応えできかねる場合もありますので、あらかじめご了承ください。

なお、ご質問の際に記載いただいた個人情報は質問の返答以外の目的には使用いたしません。また、質問の返答後は速やかに破棄させていただきます。

Software Design plusシリーズ
失敗から学ぶ
RDBの正しい歩き方

2019年 3月20日　初 版　第1刷発行
2025年 5月30日　初 版　第4刷発行

著　者　　曽根 壮大
発行者　　片岡 巌
発行所　　株式会社技術評論社
　　　　　東京都新宿区市谷左内町21-13
　　　　　電話　03-3513-6150　販売促進部
　　　　　　　　03-3513-6177　第5編集部
印刷／製本　株式会社加藤文明社

定価はカバーに表示してあります。
本の一部または全部を著作権法の定める範囲を越え、無断で複写、複製、転載、あるいはファイルに落とすことを禁じます。

©2019　曽根 壮大

造本には細心の注意を払っておりますが、万一、乱丁（ページの乱れ）や落丁（ページの抜け）がございましたら、小社販売促進部までお送りください。送料小社負担にてお取り替えいたします。

ISBN978-4-297-10408-5 C3055
Printed in Japan